板栗高效栽培技术与主要病虫害防治

王广鹏　陆凤勤　孔德军　编著

中国农业出版社

编 委 会

目　录

第一章　概述 …………………………………………………… 1

　第一节　我国板栗资源分布及其利用前景 ……………… 1

　第二节　我国板栗在世界食用栗中的地位 ……………… 2

　第三节　我国板栗的贸易状况 …………………………… 4

第二章　板栗良种与利用 ……………………………………… 7

　第一节　南方栗 …………………………………………… 8

　第二节　北方栗 …………………………………………… 13

　第三节　丹东栗 …………………………………………… 28

　第四节　板栗品种的选择 ………………………………… 29

第三章　板栗的生长发育规律及习性 ……………………… 33

　第一节　形态特征 ………………………………………… 33

　第二节　生长发育特性 …………………………………… 37

　第三节　根、茎、叶生长动态 …………………………… 40

　第四节　树体生长发育和营养年周期变化 ……………… 41

第四章　板栗栽培关键技术 …………………………………… 43

　第一节　山地建园的规划 ………………………………… 43

第二节　板栗规范化栽培技术 …………………………… 48

第三节　自然环境 …………………………………………… 49

第四节　板栗栽植 …………………………………………… 53

第五节　板栗高产栽培途径 ………………………………… 58

第五章　板栗繁殖 …………………………………………… 64

第一节　有性繁殖 …………………………………………… 64

第二节　无性繁殖（嫁接繁殖） ………………………… 67

第六章　板栗整形与修剪 ………………………………… 75

第一节　整形修剪作用 ……………………………………… 75

第二节　栗树整形 …………………………………………… 76

第三节　栗树修剪 …………………………………………… 77

第七章　栗园土、肥、水管理 …………………………… 88

第一节　土壤管理 …………………………………………… 88

第二节　施肥 ………………………………………………… 96

第三节　水分管理 ………………………………………… 101

第八章　板栗低产园改造及幼树早期高产技术 ……… 107

第一节　树势衰弱的低产园 ……………………………… 107

第二节　适龄不结果低产园改造 ………………………… 112

第三节　幼树早期高产技术 ……………………………… 114

第九章　板栗采收、贮藏与加工 ……………………… 119

第一节　板栗采收 ………………………………………… 119

第二节　板栗贮藏 …………………………………………… 120

第三节　栗果贮藏中霉烂的原因 …………………………… 124

第四节　板栗加工 …………………………………………… 126

第十章　板栗主要病虫害防治 ……………………………… 134

第一节　主要虫害及其防治 ………………………………… 134

第二节　主要病害及其防治 ………………………………… 146

第三节　生理病害及其防治 ………………………………… 148

附录 …………………………………………………………… 151

参考文献 ……………………………………………………… 158

第一章　概　　述

第一节　我国板栗资源分布及其利用前景

板栗在中国的分布范围很广，它的经济栽培区北至北纬41°20′，即吉林省的集安市和河北省的隆化县；南至北纬18°30′，包括广东、广西和海南等省（自治区）；西起甘肃、陕西；东至河北、山东、江苏、浙江、福建等沿海各省，全国26个省（自治区、直辖市）均有栽培，但板栗的主要嫁接栽培区是黄河及长江流域各省。

板栗的垂直分布差异也很大，从海拔不足50m的沿海平原，到海拔2 800m的高山地带均有板栗栽培。板栗的垂直分布因南北方的气候不同而有差异。北方栗的栽培区主要分布在海拔500m以下的山区；南方栗的栽培可高达海拔900m。随着纬度的南移，板栗的垂直分布增高。我国湖北、福建省栗的垂直分布在1 000～1 200m；四川汉源板栗的垂直高度可达到1 500m；云南维西2 800m的地带仍有板栗栽培。

板栗有很高的经济价值，栗果营养丰富，味道甘甜，被称为"木本粮食"。据测定栗果含糖量10%～21%，蛋白质9%～14%，脂肪2.35%～3.34%，淀粉50%～67.5%，维生素C 69.3～86.1mg/100g，胡萝卜素0.3～0.59mg/100g，并含有容易被人体吸收的16种不饱和氨基酸，其总量为6.25～7.03mg/100g，是其他水果不可比拟的；板栗的蛋白质含量与面粉近似，比大米高30%；氨基酸比玉米、面粉、大米高1.5倍；脂肪含量比大米、面粉高2倍；维生素C含量是苹果、梨的5～10倍。因此，板栗是难得的代用粮食的"铁杆庄稼"。

板栗不仅有丰富的营养价值，亦有重要的医疗保健价值。孙思邈的《千金要方》记载"栗，肾之果，肾病宜食之。"《本草纲目·卷二十九·果部·栗》曰："人有内寒，暴泄如注，令食煨栗二、三十枚，顿愈。肾主大便，栗能通肾，于此可验。"苏恭《唐本草论》记载：栗内种皮"捣散和蜜，涂面令光，急去皱纹。"孟诜《食疗本草》注有"治丹毒五色无常，剥皮有刺者，煎水洗之。"可见几百年前人们对板栗的医疗保健作用已经开始利用。

第二节　我国板栗在世界食用栗中的地位

世界主要食用栗有 4 种，即欧洲栗、美洲栗、日本栗和中国板栗。20 世纪 30 年代初，欧洲栗最多，总产达到 60 万 t，约占世界总产量的 50％。30 年代末期，由于墨水病、栗疫病的危害，产量直线下降。到第二次世界大战期间降至 25 万 t，70 年代下降到 6 万 t，只相当于 30 年代的 1/10。美洲栗自 1904 年发生栗疫病后，很快蔓延整个美洲栗产区，栗树染病后相继死亡，从此美洲栗产业一蹶不振。

日本栗在第一次世界大战后的栽培面积在 12 000hm²，第二次世界大战后，由于战争和病虫害（栗瘤蜂）影响，栽植面积直线下降，到 1950 年已不足 5 000hm²，60 年代开始回复，到 1980 年达到 50 000hm²。随着日本工业的迅猛发展，日本栗发展缓慢。

我国板栗抗病性强，抗旱耐瘠薄，深受各栗产国的重视，1920 年美国从我国引进大量板栗，通过杂交育种，培育出抗病品种，所得杂交后代基本与我国板栗具有同等的抗病能力。朝鲜和日本等国相继从我国引进板栗品种，以改善其品质，著名的平壤栗就是从山东引种培育的。日本从 1930 年从我国引种并与日本栗进行杂交，培育出抗栗瘤蜂品种和品质优于日本栗的新品种土栗、利平，但由于雨量、温度、海拔等自然条件的原因，它的品质远不能和我国板栗相媲美。

在世界栗日益衰退的情况下，我国的板栗产量和栽培面积却逐年增加，20世纪50年代产量为2.892万t，80年代末期上升到10.3576万t，2001年达到59.9071万t（图1-1），产量增长了10.8倍，占世界栗果总产量的69%。我国已经成为板栗生产大国，2002年板栗出口量达到33 412t，占世界出口总量的33%。

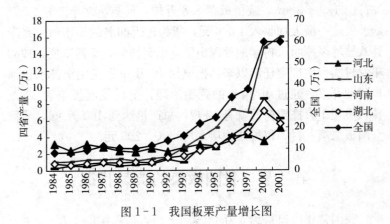

图1-1　我国板栗产量增长图

板栗适应性强，抗旱耐瘠薄，可以在其他水果类果树不宜发展的地方栽培，不与粮、棉、油、菜争地，也不与发展水果冲突。我国是多山国家，各地可利用当地的自然资源，充分挖掘山地、经济效益低劣沙滩地的潜力，发展板栗生产，既提高经济效益，又绿化荒山荒滩，改善生态环境条件。

板栗的经济效益与同等单位面积的水果类果树比较相对较低。但板栗在干旱少雨、水源条件缺乏、土壤瘠薄的丘陵山地、河滩沙地均能正常生长，对于水果来说望尘莫及，而且板栗经营成本低，总体核算栗园的经济效益并不少，尤其是技术管理水平高、栽培区域化、优种化、经营集约化的栗园，经济效益更为可观。据对十年生一般性管理的栗园调查测算，亩[①]产量 146kg，总收入 1 460 元，排除肥料、打药、浇水、除草等费用 260 元，亩收入 1 100 元。投入产出比为 1:4.6。其他果树，尤其是水源缺乏的干旱山区的水果与之无法相比。

河北省迁西县杨家峪村，是一个"八山一水一分田"的深山区，人均耕地不足 1 亩，20 世纪 70 年代以前是个有名的"秃山穷峪落后村"，从 70 年代起，河北省农林科学院昌黎果树研究所驻点试验示范，利用荒山，开发围山转，大力发展板栗，先后开发荒山 1 333.3hm²，栽植板栗 8.8 万株，目前，常年产量 25 万kg。仅此一项人均收入 4 000 元，成为远近闻名的小康村。兴隆县八挂岭乡冷咀头村，地处深山区，山高坡陡，交通不便，1982年农村实行生产责任制以来，把全村 10 万 hm² 荒山全部承包到户限期开发，通过 10 余年的荒山治理，全村发展板栗近 50 万株，户均 1 万株栗树的就有 12 户，总产量达到 160 万 kg，号称全国板栗第一村，仅板栗一项人均收入 3 200 元。

第三节　我国板栗的贸易状况

我国常年出口量约 3 万 t（表 1-1），最高年份 4 万 t。主要出口日本、韩国、新加坡、菲律宾、泰国、东南亚和我国香港等一些国家和地区，以日本购买量最大，每年在 2 万 t 左右，占我国出口总量的 80%。"天津甘栗"备受日本国民的欢迎，日本经营板栗的大小商社有几百家，从业人数达几万人。随着日本工业的大力发展，经营农业的人口越来越少，农产品的经营成本也就越来越高，日本栗的缓慢发展为"天津甘栗"的出口创造了良好机遇。随着我国加入 WTO 时间的推移，板栗出口的国家和地区

---

① 亩为非法定计量单位，1 亩＝1/15hm²≈667m²。——编者注

逐渐增加。2003 年日本进口中国板栗仍在 1.7 万～1.8 万 t，但只占我国出口总量的 50%。而中国台湾占 29.8%，韩国占 6%，是近两年来增长较快的国家和地区；马来西亚、泰国、沙特阿拉伯、菲律宾、新加坡、法国占 2%～4%。其中 2003 年法国进口量达到 943t，是暴发性增长的国家之一；美国、加拿大、阿拉伯联合酋长国、叙利亚、约旦、埃及和我国香港等占 1% 左右。韩国年产板栗 72 405t，主要以加工高档食品为主，每年出口12 800t，出口价格 4 000～7 800 美元，比我国板栗出口价格高 2 倍以上（图 1-2）。所以，韩国从我国进口板栗，通过深加工再出口，仍有较多利润空间，韩国进口中国板栗主要是加工高档加工产品，为此，韩国客商与我国山东、江苏等板栗产地的栗农合作，栽培日本栗（日本栗易加工）为其提供加工产品资源。

表 1-1　中国板栗出口情况

年份	1985	1990	1995	2000	2002
出口数量（t）	30 991	36 022	36 117	35 414	33 412

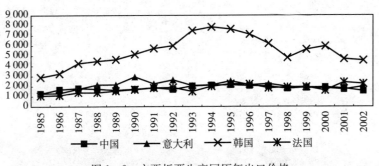

图 1-2　主要板栗生产国历年出口价格

在板栗出口中我们也应看到，各国对出口板栗提出的农药残留含量指标要求之高，各个关口化验之频繁，必须引起科研单位生产部门和广大栗农的高度重视。以日本进口的中国板栗为例，从日本海关、各个商社出售之前到消费者手中的各环节都有进行农残抽查，一旦发现农残超标，日本商务大臣即下令取消该产品的进口资格。因此，对于板栗质量和农残问题，必须从生产源头抓起，生产无公害产品，保持我国板栗在国际市场的良好声誉。

在国内人们对板栗的营养价值已经有所认识，加工产品已经从单一的糖炒板栗到小包装、即食栗仁、开口笑、栗子罐头、栗子酱、栗子羹、栗子饮料等，如果将板栗加工成老幼皆宜的保健食品，将是一个很大的消费市场。目前全国人均占有板栗不足 0.16kg，人均消费不足 0.1kg，按人均消费量最低达到 0.5kg，国内容量可达 6 亿 kg，相当于目前全国产量的 3 倍。今后，随着人民生活水平的不断提高和科技意识的不断增强，绿色食品、有机食品、保健食品正在被广大国民所公认，板栗产品将会畅销全国，市场前景将会更加广阔。

第二章 板栗良种与利用

我国地域辽阔，栗品种资源极为丰富，大约有 300 多个优良品种。由于我国南北自然条件差异较大，形成了特征、特性不同的地方品种栗，大体可分为南方板栗和北方板栗。另外，还有辽宁省的丹东栗。前两种属于板栗，后者属于日本栗（表 2-1）。

表 2-1 我国地方主要板栗良种

品种选出地	品种名称
北京	燕丰、燕昌、燕红、银丰、怀九、怀黄
河北	燕山早丰、大板红、燕山短枝、燕奎、燕明、替码珍珠、燕光、燕晶、燕兴、紫珀、遵玉、东陵明珠、遵达栗、遵化短刺、塔丰
山西	曹家执栗、大油栗、贾路 1 号、84-1
山东	红光、红栗 1 号、金丰、海丰、石丰、华丰、郯城 3 号、烟清、烟泉、泰栗 1 号、五莲明栗
陕西	明栋栗、大板栗、柞板 11 号、14 号、安栗 1 号、2 号、蓝田红明栗、镇安 1 号、2 号
河南	罗山 689、光山 2 号、豫罗红、确红栗、豫栗王
江苏	九家种、尖顶油栗、处暑红、焦扎、毛板红
浙江	魁栗、油毛栗、金庆 1 号、2 号、3 号、4 号。丽选 1 号、桐选 43 号、江山 1 号、三门 4 号
安徽	大红袍、黏底板、蜜蜂球、叶里藏
湖北	罗田中迟栗、浅刺大板栗、归栗、九月寒、JW3310、JW2809
湖南	它栗、接板栗、大油栗、双季栗、油板栗
贵州	油栗、大板栗

（续）

品种选出地	品种名称
江西	田铺双季栗、金坪矮垂栗
辽宁	辽丹 61、辽丹 58、辽丹 15、中日 1 号、9602
广东	韶栗 18 号
广西	中果红油皮、大乌皮栗、桂林 72-1、阳朔 37
福建	大毛榛、北榛、长芒仔、园蒂仔、薄壳仔、黄榛、白露仔、油榛、禾榛、乌壳长芒
云南	云丰、云腰、云富、云良、云珍

第一节 南方栗

南方板栗的特点是果形大，平均果粒 12g 以上，最大可达 25g，但含糖量低，淀粉和含水量较高，肉质偏粳性，多适用作菜栗。它分布在我国长江流域的江苏、浙江、安徽、湖北、湖南、河南南部。适应高温多雨地区栽培，这一地区大多采用嫁接繁殖，约有 150 多个品种，占全国板栗品种一半以上。另外我国的甘肃南部、四川北部、福建、广东、广西、贵州和云南等地，由于大多为实生繁殖区，栗果大小不齐，水分含量大，含糖量低，淀粉含量高，肉质偏粳以及适应高温多湿的气候特点，所以也归属为南方栗。

一、魁栗

原产浙江上虞，为当地主栽品种，以果大而著名，一般粒重 17.85g。

树势强，树姿开展，树冠呈圆头形。总苞大，椭圆形，重 132.1g。坚果皮赤褐，茸毛少，顶部有稀疏茸毛分布，底座小，果肉淡黄，味甜具粳性。果实宜菜用，栗果成熟期在 9 月中下旬。

魁栗分枝能力强，色泽美观，喜肥水，不耐瘠薄，栽植时应注意选配授粉品种，果实不耐贮藏。

二、毛板红（长刺板红）

原产浙江省诸暨市，为该地区主栽品种。

树势强健，总苞大，椭圆形，重 112.5g，刺束长而密软，分枝点低。坚果皮暗红色，茸毛遍布果面，顶端茸毛密生，坚果大，平均单果重 15.2g。栗果成熟期在 10 月上旬。坚果均匀，色泽鲜美，果肉味甜粳性。本种总苞刺束长而密，不易受桃蛀螟和象鼻虫为害，耐瘠薄土壤。嫁接苗 3 年结果，10 年生幼树株产可达 21kg，比一般品种高产，适宜密植。坚果耐贮藏。

三、处暑红（头黄早）

产于安徽广德的砖桥、山北、流洞等地。为当地主栽品种，在山地及河滩地均有栽培。

树形中等，树冠紧密，圆头形，枝节间短，分支角度较小。坚果平均重 16.5g，紫褐色，光泽中等，果面茸毛较多，果顶处密集。坚果整齐，果肉细腻，味香。幼树生长较旺，进入结果期早，嫁接苗 3 年株产可达 1.3kg，第五年株产 3.3kg。进入盛果期后，产量高而稳定。果实 8 月下旬至 9 月上旬成熟。本品种受桃蛀螟、栗实象鼻虫为害较轻。由于产量高，果实成熟早，在中秋节前可上市，很有市场竞争力，颇受产区栗农欢迎。但因成熟期气温高，较难贮藏，适宜在市场较近的地方发展。

四、大红袍（迟栗子）

原产安徽广德的砖桥、山北一带，为当地的主栽品种。

树体高大，树姿开展，总苞重 111.7g，刺束较硬，中密，总苞成熟时为十字开裂。坚果红褐色，有光泽，果面茸毛呈纵向条状分布，平均粒重 18g，果实耐贮性强。嫁接幼树长势甚旺，栽植后 3 年平均株产可达 0.7kg，第五年平均株产 2.0kg，进入盛果期后产量稳定，经济寿命较长。成熟期在 9 月下旬。

本品种因产量高、稳定，抗逆性强，果实耐贮藏，果大色艳，具有较强的市场竞争能力，售价一般高于其他品种 10%～20%。"大红袍"象征吉祥、美观，故名"大红袍"。

五、它栗

原产于湖南邵阳、武岗、新宁等地，为当地主栽品种。

栽培历史悠久，长期无性繁殖。树形较矮，枝条开展，球苞椭圆形，重 87g，坚果整齐，平均重 13.2g。中果扁平近三角形，皮褐色，少光泽，茸毛中等。品质中上，味甜。9 月下旬成熟。

本品种嫁接亲合力高，树冠矮，分枝低，发枝力强，连年结果性也强，产量稳定，耐贮藏。为湖南地方良种，广西、广东、江西、安徽、江苏等地引种表现良好。

六、浅刺大板栗（早栗）

原产于湖北宜昌，是当地的主栽品种，有数百年栽培历史。

树姿开展。总苞刺束短而稀硬，刺座高，刺的分枝角度大，呈平展状。坚果极大，平均粒重 25.6g。果面茸毛少，皮赤褐色，具油光泽，果肉黄色，质甜味香。幼树生长势强，嫁接苗 2 年开始结果，产量高，抗性强，病害少。果实"白露"成熟。

七、中果红油栗（桂远 72－7）

原产广西平乐的同安。

树冠高圆头形。总苞椭圆形，中等大重 56g，坚果中等大，整齐，平均粒重 13.4g。果皮红褐色，油亮，果面茸毛极少。果肉细、糯、甜。

树势强，嫁接后 4 年结果，十年生株产可达 20～25kg，30

年生株产 50～80kg。抗病性及适应性强。山东等地引种表现良好，栗果耐贮性强。

八、九家种（别名魁栗、铁粒头）

原产江苏吴县洞西山，产量高，品质优良，深受产区群众欢迎，有"十家中有九家栽种"之说而得名。

九家种树冠较小，树冠紧密，新梢短、直立，节间短，总苞扁，肉薄，刺束稀而开展，出籽率高，坚果圆形，平均重12.2g，果面茸毛短，果皮赤褐色，有光泽。9月中、下旬成熟，果肉质地细腻甜糯、较香、较耐贮藏，宜炒食或菜用。

幼树生长势较强，嫁接苗 3 年开始结果，连续结果能力强、丰产。亩产在密植条件下，六年生栗园可达 325kg。该品种抗病虫及抗干旱能力较差。树冠小，早果性强，适宜密植，果实品质优良，成熟期较早，可提前供应市场。近年来，山东、河南、安徽、浙江、湖南、广西、云南等地，已先后引入该品种试栽，表现良好，在湖南邵阳地区、广西桂林地区为重点推广的品种之一。

九、焦札

原产江苏宜兴、溧阳两地，以宜兴太华乡为最多，是当地的主栽品种，种苞成熟后局部刺束变褐色，似一焦块，故名焦札。

果皮紫褐色，果面毛茸长而多，分布于胴部以上，线较直，底座中等大，栗粒大而明显，9月底成熟。产量稳定，坚果大，平均重 23.7g，肉质细腻，味甜。

本品种适应性较强，较耐干旱和早春冻害，对桃蛀螟和栗实象鼻虫抗性强，耐贮藏，果实成熟期晚，适宜在山区发展。

十、尖顶油栗

原产山东省郯城东庄乡，高产、优质，该品种已在江苏一带推广发展。

尖顶油栗树冠开展，呈圆头形，枝条细软常下垂。总苞长椭圆形，侧面呈梯形，刺束稀而开展，总苞皮薄。坚果呈三角形，果顶显著突出，果肩瘦削，中等大，平均重 10.8g。果面茸毛极少，果皮紫红色，有光泽，底座小。坚果整齐，色泽美观，果形玲珑，肉质细腻甜糯，品质甚佳。可炒食。

树势中等，进入结果期较早，早期丰产。在山东省沂、沭河冲积土上，嫁接苗栽植 2 年后开始结果，3 年最高株产可达12.3kg，6 年平均株产可达 4.76kg。幼树的结果枝经短截易控冠。果实抗病虫能力强，极少受桃蛀螟和栗实象鼻虫为害，一般好果率达 93％。果实极耐贮藏。适宜密植栽培，可在山区和平原沙地发展。

十一、韶栗 18 号

韶栗 18 号为广东韶关市林业科学研究所于 1974 年从选育的优良实生无性系中选出。树冠圆头形，枝条开张，单果重 11g。果皮红棕色，油滑光亮。炒食糯质，味甘甜，品质优良。9 月上旬成熟。

十二、农大 1 号

农大 1 号板栗为华南农业大学利用快中子辐射诱变新技术，经 16 年试验研究筛选育成的早熟、矮化、丰产稳产板栗新品种，于 1991 年通过广东省科委组织的成果鉴定。该品种 5 月中旬开花，8 月下旬开始成熟，果实发育期虽短，但单果重 13g，与原品种阳山油栗一样，且保持了内含物含量和较好风味，肉质细嫩甜香。树体矮化，树冠紧凑，枝条短，母枝壮，连续结果能力强，雄花减少，雌花增多，坐果率提高，嫁接苗定植后 4 年少量结果，5 年投产，比原品种产量高。

十三、大果乌皮栗

广西平原、山地均有栽培，平均粒重 19g。果皮乌黑。10 月上旬至中旬成熟。高产稳产，抗病力强。

第二节 北 方 栗

北方板栗的特点是果形小，平均粒重 10g 左右，肉质糯性，糖的含量高，一般在 20％左右，果肉含淀粉量低，蛋白质含量高，果皮色泽较深，有光泽，香味浓，涩皮易剥离，适宜糖炒栗。它主要分布在华北各省的燕山及太行山区，河北、北京、山东、江苏北部、河南北部、陕西及甘肃部分地区。适应冷凉、干燥的气候，过去多为实生繁殖，没形成稳定的品种，近 20 年来，在实生选优的基础上，推广优种嫁接，逐渐形成了稳定的品种群。

一、燕山早丰

别名及分布 别名 3113。广泛分布于河北的迁西、遵化、兴隆、迁安等地，为燕山地区原产主栽品种，在河北的邢台，北京的昌平、密云，山东的泰安等地也有分布。2005 年通过河北省林木品种审定委员会审定，审定名称为"燕山早丰"，选育单位为河北省农林科学院昌黎果树研究所。

植物学特征 树体高度中等，树姿半开张，树冠高圆头形；树干皮色深褐，皮孔小而不规则；结果母枝健壮，均长 34.8cm，粗 0.71cm，节间 1.23cm，每果枝平均着生刺苞 2.42 个，次年平均抽生结果新梢 1.85 条；叶片浓绿色，长椭圆形，背面密被灰白色星状毛，叶姿边缘上翻，锯齿较大，内向；叶柄黄绿色，长 1.9cm；每果枝平均着生雄花序 4.4 条，直立，长 10.3cm；刺苞椭圆形，黄绿色，成熟时十字形开裂，苞皮厚度中等，平均苞重 47.2 g，每苞平均含坚果 2.8 粒，出实率 40.1%；刺束密度及硬度中等，斜生，黄绿色，刺长 1.42cm；坚果椭圆形，深褐色，油亮，茸毛较多，筋线不明显，底座中等，接线平滑，整齐度高，平均单粒重 7.6 g；果肉黄色，口感细糯，风味香甜，含水量 51%，可溶性糖 15.2 %，淀粉 46.1 %，蛋白质 5.02 %。

生物学特性 在河北东北部山区 4 月 16～17 日萌芽，4 月 25～26 日展叶，6 月 10 日雄花盛花期，新梢停长期 6 月 7 日，果实成熟期 9 月 3～4 日，落叶期 11 月 2～4 日。幼树生长健壮，雌花易形成，结果早，产量高，嫁接后第 4 年即进入丰产期。丰产稳产性强，无大小年现象。适应性和抗逆性强，在干旱缺水的片麻岩山地、土壤贫瘠的河滩沙地均能正常生长结果。

综合评价 树体高度中等，树姿半开张；结果早，产量高，连续结果能力强；坚果成熟期极早，品质优良，口感好，适宜炒食；适应性强；喜肥水，耐瘠薄性较差；适宜在我国北方板栗产区栽植发展。

二、燕奎

别名及分布 别名 107。广泛分布于河北的迁西、遵化、兴隆、迁安等地，为燕山地区原产主栽品种，在河北的邢台，北京的昌平、密云，山东的泰安等地也有分布。2005 年通过河北省林木品种审定委员会审定，审定名称为"燕奎"，选育单位为河北省农林科学院昌黎果树研究所。

植物学特征 树体高大，树姿开张，树冠紧凑度一般；树干灰褐，皮孔小而不规则，密度稀；结果母枝健壮，均长 37.0cm，粗 0.62cm，节间 1.58cm，每果枝平均着生刺苞 1.85 个，翌年平均抽生结果新梢 2.13 条；叶片浓绿色，叶形披针形，背面稀疏灰白色星状毛，叶姿边缘上翻，锯齿深度深，刺针方向外向；叶柄黄绿色，长 2.2cm；每果枝平均着生雄花序 11.4 条，花形下垂，长 16.54cm；刺苞形状椭圆形，颜色黄绿色，成熟时开裂方式十字裂，苞皮厚，平均苞重 51.60g，每苞平均含坚果 2.52 粒，出实率 39.69%；刺束密度中等，硬度硬，分枝角度中等，刺束颜色淡黄，刺长 1.2cm；坚果形状椭圆形，坚果颜色深褐色，光泽度油亮，茸毛少，筋线不明显，底座大小中等，接线形状平直，整齐度高，平均单粒重 8.13g；果肉颜色黄色，口感糯性，质地细腻，风味香甜，含水量 53.8%，可溶性糖 20.48%，淀粉 47.32%，蛋白质 6.54%。

生物学特性　在河北北部山区 4 月 20 日萌芽，4 月 29 日展叶，6 月 11 日雄花盛花期，果实成熟期 9 月 9 日，落叶期 11 月 5 日。幼树生长势旺，结果早，嫁接后第 4 年进入丰产期。成龄大树内膛易萌发徒长枝，产量较高。适应性强，偶有嫁接不亲和现象。

综合评价　树体高度中等，树姿开张；结果早，产量较高；属中早熟品种，品质优良，口感好，适宜炒食；适应性强，适宜在我国北方板栗产区栽植发展。

三、燕山短枝

别名及分布　别名后韩庄 20、大叶青。广泛分布于河北省燕山及太行山板栗产区，在山东、北京及河南也有少量栽培。2005 年通过河北省林木品种审定委员会审定，选育单位为河北省农林科学院昌黎果树研究所。

植物学特征　树体矮小，树姿半开张，树冠紧凑；树干灰褐，皮孔大，密度中；结果母枝健壮，均长 20.15cm，粗 0.8cm，节间 1.4cm，每果枝平均着生刺苞 2.24 个，次年平均抽生结果新梢 1.76 条；叶片肥大，浓绿色，椭圆形，背面稀疏灰白色星状毛，叶姿平展，锯齿深度深，刺针方向外向；叶柄黄绿色，长 2.3cm；每果枝平均着生雄花序 7.0 条，花形直立，长 13.5cm；刺苞形状椭圆形，成熟时颜色黄绿色，一字形或者十字形裂，苞皮厚，平均苞重 60.0g，每苞平均含坚果 1.8 粒，出实率 30.60%；刺束密度中，硬度大，分支角度中等；坚果椭圆形，深褐色，油亮，茸毛少，筋线不明显，底座大小中等，接线形状平滑，整齐度高，平均单粒重 8.12g；果肉黄色，口感细糯，风味香甜，含水量 48.7%，可溶性糖 23.04%，淀粉 49.52%，蛋白质 5.23%。

生物学特性 在河北北部山区 4 月 14 日萌芽，4 月 28 日展叶，6 月 12 日雄花盛花期，果实成熟期 9 月 12 日，落叶期 11 月 5 日。幼树枝条生长健壮，树体矮小，结果母枝萌芽率 61%，结果枝比率 42.2%，前期产量较高，成年后树体紧凑，着光率降低，单位面积产量较低。适应性和抗逆性强，叶片大而厚，对板栗红蜘蛛具有较强的耐害性，在干旱缺水的片麻岩山地能正常生长结果。

综合评价 树体矮化，树冠紧凑；成龄大树产量较低，连续结果能力差；坚果品质极佳，口感好，适宜炒食；适应性强，耐瘠薄，对板栗红蜘蛛抗性强；适宜在我国北方板栗产区适量栽植发展。

四、大板红

别名及分布 别名大板 49。广泛分布于河北的宽城、迁西、遵化、兴隆、迁安等地，为燕山地区原产主栽品种，在河北的邢台，北京的昌平、密云，山东的泰安等地也有分布。2005 年通过河北省林木品种审定委员会审定，审定名称为"大板红"，选育单位为河北省农林科学院昌黎果树研究所。

植物学特征 树体高度中等，树姿半开张，树冠紧凑度一般；树干灰褐，皮孔小而不规则，密度稀；结果母枝健壮，均长 31.2cm，粗 0.65cm，节间 1.45cm，每果枝平均着生刺苞 2.31 个，次年平均抽生结果新梢 1.87 条；叶片浓绿色，叶形椭圆形，背面稀疏灰白色星状毛，叶姿边缘上翻，锯齿深度深，刺针方向外向；叶柄黄绿色，长 2.13cm；每果枝平均着生雄花序 6.3 条，花形下垂，长 14.7cm；刺苞形状椭圆形，颜色黄绿色，成熟时开裂方式十字裂，苞皮厚度中，平均苞重 41.30g，每苞平均含坚果 1.85 粒，出实率 37.1%；刺束密度中，硬度硬，分支角度中，刺束颜色淡黄，刺长 1.15cm；坚果形状椭圆形，坚果颜色红褐色，光泽度明亮，茸毛少，筋线不明显，底座大小中，接线形状月牙形，整齐度高，平均单粒重 8.15g；果肉颜色淡黄色，口感糯性，质地细腻，风味香甜，含水量 52.35%，可溶性糖 20.44%，淀粉 58.58%，蛋白质 6.87%。

生物学特性 在河北北部山区 4 月 18 日萌芽，4 月 28 日展叶，6 月 14 日雄花盛花期，果实成熟期 9 月 16 日，落叶期 11 月上旬。幼树生长健壮，雌花易形成，结果早，产量高，嫁接后第 4 年即进入丰产期。成龄大树丰产稳产性强，无大小年现象。抗病虫及干旱能力较差，自交结实率低，如盛花期异花授粉不良，蓬粒数低。

综合评价 树体高度中等，树姿半开张；结果早，产量高，连续结果能力强；坚果品质优良，口感好，适宜炒食；抗病虫及干旱能力较差；适宜在我国北方板栗产区栽植发展。

五、燕晶

别名及分布 别名官厅 10 号。1973 年从河北省遵化市建明乡官厅村实生树中选出。广泛分布于河北的迁西、遵化、兴隆、迁安等地，为燕山地区原产主栽品种，在河北的邢台，北京的昌平、密云，山东的泰安等地也有分布。2009 年通过河北省林木品种审定委员会审定，审定名称为"燕晶"，选育单位为河北省农林科学院昌黎果树研究所。

植物学特征 树体高度中等，树姿开张，树冠圆头型；树干灰褐，皮孔大而不规则，密度中；结果母枝健壮，均长 28.68cm，粗 0.65cm，节间 1.58cm，每果枝平均着生刺苞 2.12 个，次年平均抽生结果新梢 1.87 条，部分结果母枝短截后可抽生果枝；叶片浓绿色，叶形椭圆形，背面稀疏灰白色星状毛，叶姿平展，锯齿深度深，刺针方向外向；叶柄黄绿色，长 1.5cm；每果枝平均着生雄花序 12.0 条，花形下垂，长 9.01cm；刺苞形状椭圆形，颜色黄绿色，成熟时开裂方式一字裂或三裂，苞皮厚度中等，平均苞重 49.8g，每苞平均含坚果 2.4 粒，出实率 40.72%；刺束密度中，硬度中，分枝角度中等，刺束颜色淡黄，刺长 1.15cm；坚果形状椭圆形，坚果颜色深褐色，光泽度油亮，茸毛少，筋线不明显，底座大小中等，接线形状月牙形，整齐度高，平均单粒重 8.45g；果肉颜色淡黄色，口感糯性，质地细腻，风味香甜。含水量 49.85%，可溶性糖 15.2%，淀粉 46.1%，蛋白质 5.02%，脂肪 2.11%。

生物学特性　在河北北部地区 4 月 19～20 日萌芽，4 月 29～30 日展叶，6 月 11 日雄花盛花期，9 月 10～12 日果实成熟，11 月 3～4 日落叶。幼树生长旺盛，雌花易形成，结果早，产量高，嫁接后第 4 年即进入盛果期，盛果期树平均产量 5 166.0kg/hm^2。丰产稳产，无大小年现象。适应性和抗逆性强，在干旱缺水的片麻岩山地、土壤贫瘠的河滩沙地均能正常生长结果。

综合评价　树体高度中等，树姿开张，部分结果母枝短截后可抽生果枝；结果早，产量高，连续结果能力强；坚果品质优良，口感好，适宜炒食；适应性强，耐旱，耐瘠薄；适宜在我国北方板栗产区栽植发展。

六、燕光

别名及分布　广泛分布于河北的迁西、遵化、兴隆、迁安等地，为燕山地区原产主栽品种，在河北的邢台，北京的昌平、密云，山东的泰安等地也有分布。2009 年通过河北省林木品种审定委员会审定，审定名称为"燕光"，选育单位为河北省农林科学院昌黎果树研究所。

植物学特征 树体高度矮小，树姿半开张，树冠紧凑；树干灰褐，皮孔大而不规则，密度稀；结果母枝均长26.4cm，粗0.6cm，节间1.2cm，每果枝平均着生刺苞2.53个，次年平均抽生结果新梢2.04条；叶片浓绿色，叶形椭圆形，背面稀疏灰白色星状毛，叶姿平展，锯齿深度深，刺针方向外向；叶柄黄绿色，长2.7cm；每果枝平均着生雄花序11.8条，花形直立，长12.5cm；刺苞形状椭圆形，颜色黄绿色，成熟时开裂方式十字裂，苞皮厚度中等，平均苞重50.01g，每苞平均含坚果2.70粒，出实率43.24%；刺束密度中，硬度硬，分支角度大小中等，刺束颜色淡黄，刺长0.84cm；坚果形状椭圆形，坚果颜色深褐色，光泽度明亮，茸毛少，筋线不明显，底座小，接线形状月牙形，整齐度高，平均单粒重8.01g；果肉颜色黄色，口感糯性，质地细腻，风味香甜，含水量52.16%，可溶性糖21.19%，淀粉53.16%，蛋白质6.54%。

生物学特性 在河北省燕山板栗产区，4月10~13日萌芽，4月25~26日展叶，雄花序5月15日开始出现，6月6~9日进入雄花盛花期，6月11~13日进入雌花盛花期；新梢停长期6月10日，果实成熟期9月10~12日，落叶期11月13~21日。丰产稳产性强，连续结果能力好，无大小年现象。适应性和抗逆性强，在干旱缺水的片麻岩山地、土壤贫瘠的河滩沙地均能正常生长结果。区域栽培试验表明，丰产、品质优良、耐瘠薄等主要农艺性状稳定一致，结实率高，未发现栗胴枯病和栗透翅蛾等主要病虫害的严重危害，抗干旱、抗寒性强，适应性广。

综合评价 树体矮小，树姿半开张，适宜密植栽培；结果早，产量高，纤细枝能结果，并且连续结果能力强；坚果品质优良，口感好，适宜炒食；适应性强，耐旱，耐瘠薄；适宜在我国北方板栗产区栽植发展。

七、燕明

别名及分布 别名 84 - 3。广泛分布于河北的迁西、遵化、迁安等地，为燕山地区原产主栽品种，在河北的邢台，北京的昌平、密云，山东的泰安等地也有分布。2002 年通过河北省林木品种审定委员会审定，审定名称为"燕明"，选育单位为河北省农林科学院昌黎果树研究所。

植物学特征 树体高大，树姿半开张，树冠紧凑度一般；树干灰褐，皮孔大而不规则密布；结果母枝健壮，均长 43.0cm，粗 0.70cm，节间 1.87cm，每果枝平均着生刺苞 2.1 个，次年平均抽生结果新梢 1.85 条；叶片浓绿色，叶形椭圆形，背面稀疏灰白色星状毛，叶姿边缘上翻，锯齿深度浅，刺针方向外向；叶柄黄绿色，长 2.3cm；每果枝平均着生雄花序 9.0 条，花形直立，长 9.52cm；刺苞形状椭圆形，颜色黄绿色，成熟时开裂方式十字裂，苞皮厚，平均苞重 51.8g，每苞平均含坚果 2.25 粒，出实率 37.5％；刺束密度中，硬度硬，分支角度大，刺束颜色淡黄，刺长 1.34cm；坚果形状椭圆形，坚果颜色深褐色，光泽度明亮，茸毛少，筋线明显，底座大小中等，接线形状月牙形，整齐度高，平均单粒重 8.53g；果肉颜色淡黄色，口感半糯，质地较粗，风味香甜，含水量 50.24％，可溶性糖 18.26％，淀粉 55.24％，蛋白质 4.58％。

生物学特性 在河北北部山区 4 月 16 日萌芽，4 月 27 日展叶，6 月 17 日为雄花盛花期，9 月 25 日为果实成熟期，10 月底至 11 月初为落叶期。幼树生长势极旺，雌花易形成，结果早，产量高，嫁接后第 3～4 年即进入丰产期。成龄大树丰产稳产性强，无大小年现象。适应性和抗逆性强，在干旱缺水的片麻岩山地、土壤贫瘠的河滩沙地均能正常生长结果。果实膨大期恰好避开蛀果性害虫的产卵高峰，食心虫为害少。

综合评价 树体高大，树姿半开张；结果早，产量极高，连续结果能力强；坚果粒大，成熟期晚；适应性强，耐旱，耐瘠薄；适宜在我国北方板栗产区栽植发展。

八、燕兴

别名及分布 广泛分布于河北的兴隆、宽城等地，为燕山地区原产主栽品种。2012 年 1 月该品种通过河北省林木品种审定委员会审定并命名为"燕兴"，选育单位为河北省农林科学院昌黎果树研究所和兴隆县林业局。

植物学特征 树势中庸，树姿较紧凑，树冠自然圆头形。多年生枝灰褐色，一年生枝绿色。结果母枝平均长 26.4cm，粗 0.74cm，节间 1.53cm，无茸毛，分枝角度中等，每枝平均着生刺苞 1.83 个，次年平均抽生果枝 2.73 条，基部芽体饱满，短截后翌年能抽生结果枝。皮孔不规则，小而稀。混合芽近圆形，褐色，饱满。叶片长椭圆形，斜生，浓绿色，叶背茸毛稀疏，叶尖渐尖。叶姿较平展，锯齿小，斜向前。叶柄淡绿色。雄花序平均长 8.52cm，每果枝平均着生雄花序 7.81 条。刺苞椭圆形，平均单苞质量 56.80 g，苞内平均含坚果 2.70 粒，出实率 39.05%。苞皮厚度中等，成熟时十字形或一字形开裂。刺束平均长 1.12cm，斜生，中密，硬度中等，分支角度大，成熟时黄绿色。坚果椭圆形，褐色，有光泽，整齐度高，底座大小中等，接线平直，果肉黄色，口感细糯，风味香甜。坚果单果重 8.20g，含水量 49.84%，可溶性糖 22.23%，淀粉 52.90%，蛋白质 4.85%，脂肪 2.09%。

生物学特性 在河北燕山地区芽萌动期 4 月 20 日，展叶期 5 月 9 日，雄花盛花期 6 月 16 日，雌花盛花期 6 月 20 日，果实成熟期 9 月 15 日，落叶期 11 月上旬。幼树生长势旺盛，结果早，产量高，嫁接 4 年即进入盛果期，平均产量 4 500kg/hm²。成龄大树生长势中庸，丰产稳产性强，无大小年现象。耐旱、耐瘠薄，在干旱缺水的片麻岩山地、土壤贫瘠的河滩沙地均能正常生长结果。抗寒性强，在我国板栗栽培北缘临界区无明显冻害。耐贮藏，腐烂率低。

综合评价 树体高度中等，树姿半开张；结果早，产量极高，连续结果能力强；坚果果粒整齐，品质优良，适宜炒食；适应性强，耐旱，耐瘠薄，尤其抗寒性强；适宜在我国北方板栗产区栽植发展。

九、替码珍珠

别名及分布 别名919。2002年6月通过河北省林木品种审定委员会审定，命名为"替码珍珠"。选育单位为河北省农林科学院昌黎果树研究所。

植物学特征 树体高度矮小，树姿半开张，树冠紧凑度一般；树干灰褐，皮孔大小中等而呈不规则稠密分布；结果母枝均长30.7cm，粗0.7cm，节间1.8cm，每果枝平均着生刺苞2.35个，次年平均抽生结果新梢1.65条；叶片黄绿色，叶形椭圆形，背面稀疏灰白色星状毛，叶姿平展，锯齿深度浅，刺针方向外向；叶柄黄绿色，长2.26cm；每果枝平均着生雄花序13.6条，花形直立，长12.3cm；刺苞形状椭圆形，颜色黄绿色，成熟时开裂十字裂，苞皮厚度中等，平均苞重43.43g，每苞平均含坚果2.16粒，出实率38.05%；刺束密度中等，分支角度大小中等，刺束颜色淡绿，刺长0.80cm；坚果形状椭圆形，坚果深褐色，油亮，茸毛少，筋线不明显，底座小，接线形状八牙形，整齐度高，平均单粒重7.65g；果肉颜色黄色，口感细糯，风味香甜，含水量48.67%，可溶性糖18.07%，淀粉53.41%，蛋白质7.87%。

生物学特性 在河北北部山区4月10日萌芽，4月23日展叶，6月10日雄花盛花期，果实成熟期9月15日，落叶期11月7日。该品种最大特点是结果后有30%的母枝自然干枯死亡（栗农称为替码），由母枝基部的隐芽抽生的枝条12%当年形成果枝，由于母枝连年自然更新，树冠紧凑，前后有枝，内外结果。抗逆性强，在河北太行山、燕山各板栗主产区连续几年严重干旱的情况下，树势生长和栗果产量均表现正常。

综合评价 树体高度矮小，树姿半开张；结果母枝部分翌年干枯，自然更新控冠；坚果品质优良，整齐度高，宜在北方各板栗适栽区发展。

十、紫珀

别名及分布 别名北峪2号。广泛分布于河北省遵化市、迁安市、迁西县等燕山板栗栽培区。2004年通过河北省林木品种审定委员会审定，申报单位为河北省遵化市林业局。

植物学特征 树体高度中等，树姿半开张，树冠紧凑度一般；树干灰褐，皮孔中而稀；结果母枝健壮，部分短截后可结果，均长41.7cm，粗0.78cm，节间1.1cm，每果枝平均着生刺苞2.31个，次年平均抽生结果新梢3.0条；叶片浓绿色，叶形椭圆形，背面稀疏灰白色星状毛，叶姿边缘上翻，锯齿深度浅，刺针方向外向；叶柄黄绿色，长1.9cm；每果枝平均着生雄花序10.6条，花形直立，长9.16cm；刺苞形状椭圆形，黄绿色，成熟时一字裂或十字裂，苞皮厚度中等，平均苞重50.2g，每苞平均含坚果2.48粒，出实率35%；刺束密度中等，硬度中等，分枝角度中等，刺长1.31cm；坚果形状椭圆形，深褐色，明亮，茸毛少，筋线不明显，底座大小中等，接线形状月牙形，整齐度高，平均单粒重8.8g；果肉颜色淡黄色，口感糯性，质地较细，风味香甜，含水量52.04%，可溶性糖17.86%，淀粉53.48%。

生物学特性 在河北北部山区4月22日萌芽，5月4日展叶，6月15日雄花盛花期，果实成熟期9月18日，落叶期10月31日。1~4年生幼树以夏季摘心为主，5~8年生树夏季摘心、冬季短截相结合，9~11年生树以冬季短截为主。

综合评价 结果早，丰产性强，单位面积产量高，栗果品质优良，结果母枝适宜短截修剪，易控冠，是适合矮化密植栽培的理想品种。可在燕山山脉地区推广。

十一、东陵明珠

别名及分布 别名西沟 7 号。2005 年 12 月 16 日通过河北省林木品种审定委员会良种审定。

植物学特征 树体高度中等，树姿直立，树冠紧凑度一般；树干灰褐，皮孔大而不规则密布；结果母枝均长 29.8cm，粗 0.58cm，节间 1.64cm，每果枝平均着生刺苞 2.22 个，次年平均抽生结果新梢 1.94 条；叶片浓绿色，叶形椭圆形，背面稀疏灰白色星状毛，叶姿平展，锯齿深度深，刺针方向外向；叶柄黄绿色，长 2.41cm；每果枝平均着生雄花序 9.6 条，花形直立，长 13cm；刺苞形状椭圆形，颜色黄绿色，成熟时开裂方式一字裂或十字裂，苞皮厚度中，平均苞重 46.95g，每苞平均含坚果 2.3 粒，出实率 36.00%；刺束密度中，硬度硬，分枝角度中等；坚果形状椭圆形，坚果颜色深褐色，光泽度油亮，茸毛少，筋线不明显，底座大小中等，接线形状平直，整齐度高，平均单粒重 7.35 g；果肉颜色黄色，口感糯性，质地细腻，风味香甜，含水量 53.25%，可溶性糖 19.85%，淀粉 48.32%，蛋白质 6.53%。

生物学特性 在河北北部山区 4 月 16 日萌芽，4 月 28 日展叶，6 月 13 日雄花盛花期，果实成熟期 9 月 17 日，落叶期 11 月上旬。新梢中结果枝占 38.9%，雄花枝 25.9%，发育枝 6.6%，纤弱枝 29%。幼树生长势强，嫁接后 3 年开始进入正常结果期。成龄大树丰产稳产性强，无大小年现象。适应性和抗逆性强，在干旱缺水的片麻岩山地、土壤贫瘠的河滩沙地均能正常生长结果。

综合评价 树体高度中等，树姿直立；结果早，产量较高，连续结果能力强；坚果品质优良，口感好，适宜炒食，但单粒较小；适应性强，耐旱，耐瘠薄；适宜在我国北方板栗产区栽植发展。

十二、遵达栗

别名及分布　河北省遵化县林业局 1974 年自遵化县达志沟村实生树中选出。2005 年 12 月 16 日通过河北省林木品种审定委员会良种审定，审定名称为"遵达栗"，申报单位为河北省遵化市林业局。

植物学特征　树体高度中等，树姿半开张，树冠紧凑度一般；树干灰褐，皮孔大而不规则，密度稀；结果母枝均长 29.75cm，粗 0.65cm，节间 1.45cm，每果枝平均着生刺苞 1.63 个，次年平均抽生结果新梢 1.17 条；叶片浓绿色，叶形椭圆形，背面稀疏灰白色星状毛，叶姿搭垂，锯齿深度浅，刺针方向外向；叶柄黄绿色，长 2.3cm；每果枝平均着生雄花序 14.2 条，花形直立，长 14.98cm；刺苞形状椭圆形，颜色黄绿色，成熟时开裂方式十字裂，苞皮厚度薄，平均苞重 45.00g，每苞平均含坚果 2.70 粒，出实率 44.44%；刺束密度中，硬度中，分支角度大，刺束颜色淡黄，刺长 1.02cm；坚果形状椭圆形，坚果颜色深褐色，光泽度明亮，茸毛少，筋线不明显，底座大小中等，接线形状月牙形，整齐度高，平均单粒重 7.41g；果肉颜色淡黄色，口感糯性，质地细腻，风味香甜，含水量 49.68%，可溶性糖 22.38%，淀粉 46.38%，蛋白质 6.66%。

生物学特性　在河北北部山区 4 月 20 日萌芽，5 月 2 日展叶，6 月 16 日雄花盛花期，果实成熟期 9 月 14 日，落叶期 11 月上旬。幼树生长健壮，雌花易形成，结果早，产量高，嫁接后第 4 年即进入丰产期。成龄大树丰产稳产性强，无大小年现象。适应性和抗逆性强，在干旱缺水的片麻岩山地、土壤贫瘠的河滩沙地均能正常生长结果。

综合评价　树体高度中等，树姿半开张；结果早，产量高，连续结果能力强；坚果品质优良，口感好，适宜炒食；适应性强，耐旱，耐瘠薄；适宜在我国北方板栗产区栽植发展。

十三、遵化短刺

1974 年从遵化县建明乡接官厅村实生栗树中选出的优良品系，母树 39 年生，经过初选、复选、决选及生产示范，1987 年通过省级鉴定，定名为"遵化短刺"。树冠圆头形，树姿半开张，栗蓬中大，扁椭圆，刺束较稀，蓬刺短，蓬皮薄，栗果椭圆形，红褐色，有光泽，茸毛少。幼树生长势强，结实能力强早期丰产，抗逆性强，对防治栗瘿蜂有利，栗果整齐，品质上等，9 月中旬成熟。

十四、燕红（北京 1 号）

1974 年从北京昌平的黑寨乡北庄村选出，母树株产 41.5kg，坚果色泽鲜艳，呈棕褐色，故名"燕山红栗"。主要分布在北京的密云、平谷、昌平、房山等地。河北、山东等地引种表现良好。

树形中等偏小，树冠紧凑，分支角度小，枝条硬而直立，母枝连续结果能力强，每个母枝抽生 2.4 个果枝，每个果枝平均着生 1.4 个蓬苞，粗壮母枝短截到基部瘪芽也能形成果枝，由于全树果枝多，故产量高。

总苞重 45g，椭圆形，皮薄刺稀，单果重 8.9g，果面茸毛少，果品褐棕色，有光泽，果肉味甘糯性，含糖量 20.25%，蛋白质 7.7%，耐贮耐运。该品种嫁接后 2 年结果，4～5 年进入丰产期；9 月下旬成熟，成熟期整齐。在土壤瘠薄的条件下，出实率低，易出现独果，自花授粉能力差，应配置授粉树。

十五、燕昌（下庄 4 号）

1975 年选于北京昌平下庄村的 50 年生实生树，1982 年命名为"燕昌"，先后在昌平、密云、怀柔、河北等地推广。

树冠中等，树姿开张，枝条较软，分支角度大，自然生长条件下呈半圆形或开心形。母枝连续结果能力强，母枝平均抽生果枝 2.6 个，结蓬 1.8 个/枝。总苞重 67g，椭圆形，刺束中等，蓬皮薄，每个蓬苞有坚果 2.6 个，坚果重 8.6g，果面茸毛较多，果品红褐色，光泽中等，果肉香甜，糯性，含糖 21.6%，蛋白质 7.8%。

该品种早实丰产，嫁接后 2 年大量结果，内膛结果能力强，亩栽植 34 株成龄栗树园产量可达到 219kg，空蓬率低（3% 以下），果实成熟期在 9 月中旬。

十六、红光栗

原产山东莱西的店阜乡，是该省的主栽良种之一。

树冠紧凑，呈圆头形。总苞重 60g 左右，成熟时一字开裂，平均每苞含坚果 2.8 个，坚果重 9.5g。果皮红褐色，油亮美观。坚果整齐，果肉质地糯性，细腻香甜，含糖量 14.4%，淀粉 64.2%，蛋白质 9.2%。坚果耐贮藏，抗病虫力较强，适宜炒食。

幼树生长势强，树姿直立，盛果期后树姿开展。结果期较晚，嫁接后一般 3～4 年开始结果。在亩栽 46 株的密度下，13～15 年生园平均亩产可达 357kg。成龄树势中等，果实成熟期 9 月下旬至 10 月上旬。

本品种树冠紧凑，适应性强，丰产稳产，品质优良。

十七、金丰（徐家 1 号）

1969 年选自山东招远的纪山乡徐家村，故名"徐家 1 号"，烟台称"金斗"，是山东的主栽品种之一。

树姿直立，总苞中型，重 55g，平均苞内含坚果 2.6 个，单果重 8g 左右。果皮红褐，果肉细腻、甜糯，果实贮藏。

幼树生长势较旺，结果后，长势中庸，枝条逐渐趋于开张。结果母枝抽生的果枝较多，雌花形成容易，始果期早，嫁接当年结果率达50％以上。第3年进入正常结果期，在立地条件和管理好的情况下，表现丰产稳产。成龄树亩产可达250kg。

十八、华丰

山东果树所杂交育成，树冠开展，呈圆头形，总苞椭圆形，重40g，平均坚果2.9个，单果重9g，出实率56％，9月中旬成熟。坚果大小整齐，色泽美观，果肉细糯香甜，耐贮耐运，适宜炒食。

幼树生长旺盛，母枝粗壮，雌花容易形成，早实丰产，2年实生苗定植后当年嫁接，第2年结果，接后2～4年亩产达178.3kg，成龄幼树嫁接3～7年亩产达310kg，7年达427kg。

十九、华光

山东果树所杂交育成，树冠呈圆头形，总苞重43g，坚果3个/总苞，单果重8.2g，9月中旬成熟。坚果大小整齐，外形美观，果肉细糯香甜，耐贮耐运，适宜炒食。

幼树生长旺盛，大量结果后生长势缓和，结果早，丰产稳产，嫁接后3年亩产达178.6kg，7年达337kg。

第三节　丹东栗

丹东栗属日本栗系，主要分布在辽宁省的凤城，果粒无肩部，果形呈三角状，枝多呈红褐色，细而长，叶片窄长。丹东栗糯性较差，内种皮不易剥离，但产量较高易加工，在丹东一带发展面积较大，加工后成批出口日本，2004年丹东栗出口的价格达到12元/kg。从近几年的发展看，日本栗在丹东由于气候、雨量等自然条件所限，产量和果品质量均不是最佳。随着丹东栗出口价格的不断提高，韩国客商在我国山东、江苏等省先后引进日本栗丹泽、伊吹、金华、石槌、筑波、银寄等 10 几个品种，作为日本栗出口基地，目前已发展到在 2 万 hm^2。

一、丹泽

亲本为乙宗×大正早生，极早熟品种，是日本 20 世纪 50 年代选用的抗栗瘤蜂品种之一，原编号为农林 3 号。该品种树势较强，分枝多，枝梢尖削度小，树形为圆头形，叶绿有光泽。在泰安 4 月上旬萌芽，4 月下 5 月上开雄花，雌花比雄花晚 10~15d，8 月下旬成熟，平均单果重 20~25g。

二、筑波

亲本为岸根×芳养玉，编号为农林 1 号。是日本 20 世纪 50 年代选用的抗栗瘤蜂品种之一，早熟品种。现为日本的主栽品种，树形扁圆形，枝条细长，叶片狭窄，叶脉明显，叶片表面有光泽，叶背无茸毛。在泰安 4 月上旬萌芽，5 月上开雄花，雌花比雄花晚半月。9 月上旬成熟，平均单果重 20~25g，最大可达 40g。

三、银寄

日本老品种，中熟，树冠圆头形，分枝力强，枝条均匀，叶色浓绿，叶片狭窄，尖而细，表面光滑，叶背无茸毛，平均单果重 20~25g，最大可达 43.5g。果皮暗褐色，9 月中旬成熟。

第四节　板栗品种的选择

一、以当地优种为主栽品种

板栗的区域性较强，选用当地选出的优良品种，有利于发挥本品种的各项优良特性。适当引入外地有特殊性状的优良品种，通过区域性对比试验和省级以上品种审定委员会的审定，确定引种价值。我国南北方的气候条件变化很大，南方品种到北方，由于气候雨量等因素，果粒变小，产量变低；北方品种到南方，果粒变大，质量变低，产量亦不如当地品种。因此切勿盲目大量引种或在实生树上乱采接穗嫁接，避免造成不必要的经济损失。

二、因地制宜选择品种

南方栗区雨量大，气温高，昼夜温差小，以生产菜用栗为主，应发展适宜该地区自然条件的大粒品种。

北方干旱少雨，生产的栗果小，含糖量高，香、甜、糯俱佳，宜发展糖炒栗为主，北方栗区，尤其是长城以北地区，气温较低，在选择品种时，应充分考虑其抗寒、抗旱性能。另外，要充分考虑板栗市场的需求，燕山一带的板栗主要出口日本和东南亚一些国家和地区，该地区选用栗种时应以适应糖炒的品种为主。有些栗农看到一些南方栗品种个大，产量又高，盲目引进南方品种，结果由于外观、色泽、品质等一些主要指标与燕山板栗差距较大而难以销售。

三、选择成熟期一致的品种

板栗多以实生为主，不但产量质量相差较大，在成熟期上差距亦悬殊。在河北板栗产区，最早的品种8月下旬成熟（早丰），而最晚的有10月中旬成熟，成熟期相差45d。同一品种或同一株树，从栗蓬初裂到全树成熟需要7～13d。有些栗区为了防止栗果丢失，一株树蓬苞开裂就全树采收，一个品种成熟就全园净树。结果，由于成熟度低，不但产量低果品质量差，而且色泽暗淡，不耐贮藏，易腐烂。选择成熟期一致的品种，可有效减少看护时间和劳动强度，提高果品产量质量和耐贮耐运性能。

四、避免品种过多

板栗品种过多过杂，首先是成熟期不一致，不易看护；其次是不同品种的抗旱、抗寒性状不同，不利栽培管理；三是板栗花粉直感效应很强，尤其是（丹东栗）日本栗系的品种，内种皮不易剥离，品质差，与燕山板栗混栽，对板栗品质影响极大。设主栽品种1～2个，选择坐果率高、品质优良的授粉品种1～2个，成熟时按品种采收，按品种出售。在市场上，按品种销售已经成为板栗销售市场的趋势，并有利创出名牌品种。美国红地球葡萄、日本的红富士苹果，在世界上享有一定声誉。我国板栗品质在世界上比红地球葡萄、红富士苹果的声誉要高，但我国没有一个板栗品种在国际上叫得响，说明我们缺乏品种概念，要在生产和市场上创造名牌，必须在品种、品质上下功夫。

五、应配置相应的受粉树

板栗异花授粉，虽然花粉量很大，但在新发展栗园，必须注意授粉树的配制，避免出现开花不结果的现象。主栽品种一般选择1～2个，如果周围有栗园的地方，可选一个授粉亲和力强，成熟期一致的品种。新建栗园授粉品种数量在15％～20％。授粉品种可按行嫁接，也可按梅花形进行嫁接。总之，主栽品种和授粉品种在采收看护和接穗采集都要相互方便，为今后按品种采收出售奠定基础。

六、选择砧木

应当选用最适合本地自然条件的板栗播种育苗，培养2～3年做砧木嫁接。丹东栗和南方的茅栗嫁接板栗不亲和。在生产中，有些栗农由于不懂丹东栗和板栗的生长习性，从市场上购买丹东栗种子播种，然后到市场上出售，有些群众由于不知道板栗与丹东栗苗的区别，从市场上买回栗苗嫁接后根本不成活。另外，有些品种对砧木的要求很高，尤其是一些有特殊性状的品种更甚。在生产中，一株砧木嫁接某个品种连续3～5年仍然不成活，但嫁接另外一个品种可100％成活。另外，有些品种产量和果品质量以及各种适应性均好，就是嫁接后亲和力差，结果2～3年，多则5～6年即从接口处干枯死亡。要发展此类品种，应在该树上采种育苗再嫁接，可避免接后不亲和现象。

第三章 板栗的生长发育规律及习性

第一节 形态特征

一、根系

板栗根系比较发达，在土壤适宜时能伸入深层，在土壤比较浅的山地根系水平分布很广。板栗小根很多，但根毛较少，在根的尖端常有共生的外生菌根，扩大了根系的吸收面积。栗树根的再生能力较弱，不易产生根蘖苗。

（一）根的分布

垂直分布 种子萌发时有一个垂直的主根，生长 1～2 年后分成几个纵横交错的主根，主要向水平方向发展，所以，板栗大树没有明显的中央主根。在土层较厚的地方，根系分布深达 1.5m，但大部分根系均在 0.2～0.6m 范围内。

水平分布 板栗水平根系分布很广，将地上部分和地下部分相比较，根系水平分布比树冠面积约大 2 倍以上。另外用根迹追踪法观察，一株 50 年生的大树，根沿水平坡向伸展最长达 22m，在干旱缺雨的瘠薄山地，广泛分布的水平根系起着重要作用。

（二）根的再生能力

板栗的细根断后，一般在伤口附近较快地发出新根，但粗大的断根先要在伤口形成愈伤组织，而后逐步从愈伤组织处分化出根，这需要一个较长的时间，约半年左右才长出徒长性根。由于板栗粗根再生能力弱，因此在移苗和施肥时注意不要损伤粗根。

细根再生能力强，断根可增加新根数量，同时新根向肥水条件好的地方伸展，有利于水分和各种养分的吸收。强壮旺树适当断些粗根，有利于缓和树势。板栗的根基本无产生根蘖苗的能力，扦插和组培繁殖苗木不易成功。

(三) 菌根

板栗根的尖端常有和真菌共生的菌根。一般果树有内生菌根和外生菌根两种，板栗的菌根共生体是属于外生菌根。

菌根的作用是增加根系的吸收面积，同时真菌对土壤营养的吸收能力很强，特别是可以活化磷素营养，并可使土壤中不溶性的铁、钙、磷酸盐活化而被真菌吸收进入板栗根系，供应板栗生长发育的需要。另外，真菌还能分泌某些生长刺激素，如生长素、赤霉素和细胞分裂素等，促进板栗的生长发育。菌根的生长与土壤中有机质含量关系密切，特别是沙性土壤中，施有机肥的地方菌根明显增多，同时菌落也多。黏重土壤通气性差，菌根少。所以，板栗适宜生长在肥沃、透气的沙性土壤中。

二、枝干

板栗属于乔木阔叶树种，自然生长的实生树，成龄时可高达15～20m，胸围2～3m，冠幅15～20m。板栗树没有明显的中央领导干，一般主枝比较开张，形成圆头形或扁圆头形，枝条疏生，树干表皮随加粗生长而形成纵裂，树皮较粗糙。

三、芽

板栗的芽有花芽、叶芽和隐芽3种。

(一) 花芽

花芽又称混合芽或大芽。花芽有两种：一种能抽生带雌雄花序的结果枝，另一种抽生有雄花序的雄花枝。前者着生在粗壮枝的顶端，芽扁圆形肥大；后者在粗壮枝条基部或细枝的顶端，芽较小，呈短三角形。

（二）叶芽和隐芽

叶芽又称小芽，呈三角形，瘦小，萌发出短枝和叶片。

隐芽又称休眠芽。着生在枝条基部或潜伏在多年生的树干上。这种芽平时不萌发，在枝条受到严重刺激或重修剪时，能萌发长出徒长枝。板栗树寿命长与隐芽萌发力有关，老树的隐芽通过强度刺激能长出新枝而返老还童。

四、枝条

板栗的枝条分结果枝、雄花枝、发育枝3种。

（一）结果枝

能生长果实的枝条称结果枝，又称混合花枝。先在结果枝上开雄花和雌花，而后结果。结果枝着生在1年生枝的前端，自然生长的栗树，结果枝多分布在树冠外围，有些品种在枝条中下部短截后也能抽生出结果枝。

结果枝从下到上分4段：基部2～3节为叶芽（瘪芽）；中部4～17节叶腋中是雄花序，雄花脱落后成为盲节；雄花序上部是混合花序，着生栗蓬，最上端1～6节是混合花芽（尾枝）。

结果枝落叶后至翌年发芽前称为结果母枝，在板栗冬季修剪中，通常以土肥水条件、树势生长状况确定单位面积的母枝留量，一般雌花量大，果粒中等，坐果率高的品种每平方米树冠选留优质母枝6～8个，果型较小、坐果率较低的品种，每平方米可选留母枝10～12个。

（二）雄花枝

自下而上分为3段：第一段基部1～2节左右叶腋内具有小芽；第二段中部5～10个芽着生雄花序，花序脱落后成盲节，不再形成芽；第三段开花前有几个小叶片，叶腋内芽较小。雄花枝生长量短，顶芽瘪小。在一般管理水平条件下，很难形成雌花。

（三）发育枝

不产生雌雄花序的枝条称发育枝。幼树在结果之前所有枝条都是发育枝，成龄树有两类发育枝：一类是由隐芽发育的强枝，一般长 80cm 以上（树冠内膛一年生枝通常也成为娃枝）；另一类是枝条基部芽生长弱枝。

五、叶

板栗的叶为单叶，每节有 1 个叶片，并着生 2 个托叶，当叶片生长停滞后，托叶便脱落。叶片的大小、形状、绒毛多少、叶缘锯齿形状等，因品种不同而有所区别。叶色深浅影响板栗的营养状况，绿色叶片，光合效率高，能提供较多的营养物质。叶片浓绿，角质层肥厚，对红蜘蛛危害有较强的拮抗作用。

板栗的叶序有 1/2 和 2/5 两种：1/2 叶序是叶片左右对生的，一周两个叶片；2/5 叶序是叶片轮生的，每 5 个叶片形成两周。一般实生幼树结果之前多为 1/2 叶序，结果树、嫁接后的幼树多为 2/5 叶序，所以 2/5 叶序是发育年龄大的标志。

板栗播种后出土的幼苗叶序为 2/5 排列，这是幼苗保持了种子的特性。当新梢二次生长后，叶序即为 1/2 排列。

六、花

板栗是雌雄同株异花植物，异花授粉。从雄花枝和结果枝上抽生出雄花序，长约 20cm。在雄花序上螺旋状排列着雄花簇，每簇 5～7 朵雄花，花簇聚集在一起形成穗状花序。每朵雄花有花被 5～6 片，中间有黄色雄蕊 10～12 个，花丝细长，花药卵形，每个花药有花粉数千粒。板栗的雄花很多，有特殊的腥香气味，能引诱昆虫传授花粉。雄花序和雌花序的比约为 12：1，而花朵之比为 2 000：1。雄花从初花到末花期，时间长达 20～25d，因此板栗花期会消耗大量营养。

雌花着生在结果枝前端雄花序的基部。生长雌花的雄花穗短粗，一般着生 1～3 个雌花簇（也称雌花序），雌花簇外边有总苞，总苞外有鳞片，而后发育成长刺束，其中有雌花 3 朵。雌花有柱头 8 个，露出苞外，子房为 8 室，每室有 2 个胚珠，1 个子房一般有 16 个胚珠，呈白色半透明状，以后有一个胚珠发育成胚，其他胚在受精半个月后败育。

七、坚果

雌花簇进一步发育，形成果实。包括球苞和坚果两部分。球苞也称栗苞或栗蓬。多数为椭圆形，球苞上有刺束，刺束的特征和球苞的厚薄因品种而异，成熟时球苞的重量约占果实总重量（包括坚果）的 50％以上，说明球苞在板栗的生长发育周期中消耗大量营养。高产品种一般球苞较薄，出实率比较高。

坚果是由子房发育而成。一般一个球苞中着生 3 个坚果，也有双果和独果，少数有 4 个以上的。坚果大小依品种而异。一般南方品种果粒较大，每果 12～17g；北方品种坚果小，每果 7～10g。栽培管理条件好的坚果大，反之则坚果小。年降雨量较大时，坚果大而重，相反，尤其是后期干旱，坚果小而瘪。在一个球苞中，坚果的形状不同，中果因受两边果实发育的压挤故两侧为平面形，边果外侧为半圆形，如果是独果则呈圆形。

坚果分果皮、内种皮和果肉 3 部分。果皮是木质化的坚硬壳，有褐色、红褐色、红棕色、灰褐色等，果皮表面色泽、茸毛多少及有无光泽与品种有关。内种皮在果皮与果肉之间，黄褐色，带有绒毛，这层皮又叫涩皮。我国板栗炒熟后，内种皮与果肉极易剥离，食用十分方便。日本栗子（包括丹东栗）涩皮不易分离，因此不宜炒食，而适宜加工和作菜栗。

第二节　生长发育特性

一、花芽的形态分化

（一）雄化序的分化

当年形成的芽内已完成形态分化。在河北地区 6 月中旬新梢停止生长后，结果枝果前梢的大芽开始分化，芽内先形成"雏梢"（翌年形成新梢），雏梢的中部，能见到泡状的雄花序原基，以后雄花序原基逐步增大，到 7 月份基本完成分化过程，约需 70d。

（二）雌花簇的分化

混合花序是春季分化出来的。枝条萌动期，芽内雏梢生长锥进入活跃的分化状态，当新梢长到 3～4cm 时，首先出现一个大叶苞，在叶苞内长出雌花簇。

二、花芽的生理分化

雌花的形态分化是当年春季萌动后所完成，生理分化也是春季进行的。如果在萌芽时抹去结果枝下部的芽，除去刚长出的雄花，这些措施都可以减少营养的消耗，都能引起雌花簇的增加。1997 年 4 月 25 日（新梢 2～5cm 长时），在邢台市内丘县岗底村，对 5 年生未修剪的燕山早丰进行抹除无效枝试验，只留较粗壮的结果母枝，抹掉的无效枝和细弱枝约占总枝量的 50%。结果表明，处理树平均产量 1.73kg/株，对照产量只有 0.46kg/株，增长 2.8 倍。

早春摘除结果母枝下部已经成熟的叶片，因减少光合作用产物，而雌花簇减少。早春增施肥水和刚萌芽时叶面喷肥，都有助于雌花的增加。雌花的分化，需要有原先的生理基础。以枝条类型来说，只有较强的发育枝和结果母枝才能分化雌花，弱枝不能分化雌花。从营养测定看出，结果母枝内氮和碳水化合物的含量都比弱枝高，说明雌花形成需要一定的生理基础和营养物质，这是前一年就形成的。对于树势极度衰弱和多年未修剪，枝条全是鸡爪码的放任树，从 3～5 年生枝条进行中度更新修剪，当年从隐芽抽生的枝条，由于新抽生的枝条营养充足，当年仍能形成雌花。此类枝条雄花很少，一般每个枝条只有 1～2 个雄花。2002 年冬季，在邢台县将军墓镇折户村对 20 多年生未修剪的放任树进行全树更新修剪，疏除多余过密枝、并生枝、重叠枝和病虫枝，其余弱枝全部回缩到 3～5 年生枝上，修剪后该树产量达到 4kg。

三、开花过程

板栗雄花开放过程大致可分为花丝顶出、花丝伸直、花药裂开和花丝枯萎 4 个阶段。整个开花过程约 25d 左右。在一个雄花序上总是基部的雄花先开，逐渐向上延伸，先后相差约 15d，带有雌花的花穗比单雄花的花期晚 5～7d 左右。

雌花没有花瓣，观察雌花开放过程主要以柱头的生长发育情况为标准。开花过程可分雌花出现、柱头出现、柱头分杈、柱头展开、柱头反卷 5 个阶段。

从柱头分叉到展开，这段时期柱头保持新鲜，柱头上茸毛分泌黏液大约有半个月，这是授粉的主要时期，此时气温高，光照充足，有利板栗授粉受精，相反影响板栗产量。2004 年 5 月份（雌花分化期）气温比常年低 1～1.5℃，6 月上中旬阴雨天较多，光照不足，而此时正是板栗雌花盛花期，本来雌花分化较少，授粉又遇连阴雨，因此，板栗产量比一般年份减产 15％～25％。

四、果实发育过程

从雌花授粉到坚果成熟采收，需 3 个半月。胚的发育过程如下：华北地区 6 月中旬为盛花期，完成授粉受精的过程。到 7 月上旬，子房内 16 个芝麻大小的白色胚珠，在其上部排成一圈，胚珠呈卵形，这时受精胚珠处于休眠状态，同开始授粉时形态大小差别不大。7 月中旬为幼胚发生期。16 个胚珠中有一个开始膨大，比其他胚珠大 2～3 倍，以后继续增大，呈心脏形，进一步成鱼雷形，浸于胚乳中，胚乳呈半透明胶冻状。7 月下旬后，胚珠向子房下端发展，幼胚形成明显的胚根和子叶，胶冻状的胚乳逐步被吸收。其他不发育的胚珠呈褐色，残留在子房的上部。8月中旬以后，为幼果迅速增大期。

胚乳被吸收完毕，子叶开始明显长大，这时栗树枝叶已停止生长，光合作用产物主要供应坚果生长，这是坚果生长最快的时期。坚果的增重在成熟前两周最为重要，这时刺苞中也有一部分营养转到种子内，使坚果得到充分发育。因此，板栗提前采收7~10d，可减产10%~15%。

第三节　根、茎、叶生长动态

一、根系生长动态

根系的活动比地上部分开始早结束迟。华北地区幼苗根系活动从4月初开始到10月下旬停止约200d。此期有两个生长高峰期：一个在地上部分旺盛生长后，即6月上旬；一个在枝条停止生长之前，即9月份。成年栗树活动期还要长一些。土温约8.5℃时开始活动，土温上升到23.6℃时生长最为旺盛。土壤深层的根系到12月份才停止活动。

二、枝条生长动态

成龄板栗树新梢1年内有1次生长，只长春梢，顶端形成花芽后不再萌发。幼树和旺树有2次生长，甚至形成2次开花。华北地区4月中旬气温到15℃左右时，芽开始萌动吐绿，枝条形成层细胞活动，表现为树皮容易剥离。4月下旬芽萌发展叶。5月1~20日是新梢生长的高峰期，这段时期生长量占全年总生长量的80%以上（按长度计算），以后逐渐缓慢，6月中旬前后生长停滞，加粗生长继续进行。9月份形成层细胞停止活动。但是生长旺盛的枝条在7~8月份进行2次生长，形成秋梢，有些结果枝形成2次结果，枝条上形成一串雌花簇，但雄花序较少。此时的雌花在下，雄花在上，与春季形成的雌花相反。

三、叶的生长动态

春天板栗萌芽后很快展叶，枝条前端芽的叶片生长快。下部芽展叶较晚。河北昌黎地区叶片旺盛生长期为 5 月 10～25 日。5 月 15 日已达到高峰，6 月 21 日停止生长，生长期 50d 左右。随着叶片的生长，其厚度也逐步增加，叶片表面的蜡质层不断加厚，光合作用逐步增强。

栗树落叶期很长，秋季霜冻后开始落叶，生长势旺的幼树落得迟。从落叶状况可以区别结果树和实生树，结果树进入霜降后即落叶。实生幼树叶子枯黄后也不脱落，到第二年春天才逐步落叶。这也是结果树与实生树的根本区别。

第四节　树体生长发育和营养年周期变化

板栗生长发育的年周期变化因品种而异，也受气候条件的影响。在华北地区，从外部形态来看，4 月中旬芽开始萌发，4 月下旬展叶，5 月份是生长的高峰，6 月份以后枝条加粗生长，同时叶片长大，6 月份是开花授粉的时期，7～9 月份果实发育至生长成熟，10 月下旬落叶进入休眠期。

从内部花芽变化来看，4 月份混合芽萌发前后是雌花分化时期。开花授粉以后，7～8 月份芽内又开始分化雄花序，为翌年开花结果打下基础。

从树体营养的变化来看，春季枝叶萌发生长，同时开花结果，需要消耗大量营养，特别是雄花序的数量很大，雄花内含大量的蛋白质和碳水化合物，所以这个时期氮、磷、钾和碳水化合物消耗最多，是树体营养消耗期。从 6 月下旬到 9 月中旬是果实生长发育期，前期营养消耗较少，后期营养消耗较多。从光合效率来看，前期由于叶片嫩，气温高，光合效率低，后期叶片的叶绿素含量多，这时气温适宜，光合效率高。所以这段时期是处于树体营养平衡期。但和结果数量有关，结果量过大，树体营养消耗大于积累；结果量少，树体营养积累大于消耗，这是引起板栗大小年的主要原因。结果量大，树体消耗多，营养积累少，第2年雌花分化少，形成小年；相反，结果量少，树体营养积累多，第2年雌花量大，产量高。修剪就是调整树体内部营养平衡。从9月中旬前后坚果停止生长，到落叶之前，这段时期是营养积累期，历时约1个月。由于板栗果实成熟较晚，而叶片枯黄较早，这段时期加强管理是很重要的。但是不少地区缺乏后期管理，特别是后期病虫害严重，以及采收时损坏和击落大量叶片等，严重影响树体营养，这是板栗低产的一个原因。栗果采收后增施肥料，有利补充树体营养，为翌年开花结果打下基础。

第四章　板栗栽培关键技术

要使板栗幼树早期高产稳产，大树持续增产，必须有相应自然条件、配套的技术措施以及优良的板栗品种，才能达到高产高效之目的。

第一节　山地建园的规划

山地栗园的规划，包括区划、道路、排灌系统的规划与设计。山地栗园的小区划分，应以自然沟或分水岭为界，面积控制在50~100亩以内。小区间留出作业道，要求道宽2~4m，主要干路可宽至6~7m，道路设在缓坡处，遇陡坡地段，尽可能迂回盘旋，以减缓路面坡度，便于机械和车辆运行。横向道路要沿等高线走向，路面应向内倾斜、防雨水冲刷路面。

排灌设施的设计与规划，可结合山地综合治理，利用自然地形修建小型水库蓄水池，这样既可拦洪，又可蓄水。结合水土保持工程设置排灌系统。排灌系统分主、支、毛三级排灌渠道，灌水渠应用塑料管输水，以防渠水渗漏和因坡陡流急造成冲刷；排水主渠道结合自然沟设置，主、支排水渠道要用石或水泥筑砌，以防冲刷。并在栗园的上部设防洪排水沟或营造防护林，防止过大的山水入园，冲毁栗园。水土保持是山地建园的一项基础工程，过去许多山地栽植的栗树，因地形倾斜遇雨则造成水土流失，使园内土层变薄，根系外露，树势渐弱，产量低。栗农说"树下拉沟，栗子不收"。虽然栗农对防止水土流失，早已引起重视，但在建园前缺乏总体规划和水土保持工程，栗树栽后，仅能在树下修筑"果树坪"、"拦水埂"或树"蓄水库"等零星的、局部的拦土蓄水措施，其收效甚小，而且这种方法不便于树下机具耕作。近些年来河北燕山栗区，普遍推行"围山转"即环山水平沟法，收到了较好效果。山地栗园水土保持方法有以下几种：

一、水平梯田

梯田具有条长、面宽、等高、水平的特点，利于耕作和灌溉。梯田分为石砌坎壁和土壁两种，在取石方便的石质山地采用石块坎壁，在取石困难的土质山地可筑土壁。

在梯田修筑前，要做好规划，一般要求在 25°以下的坡地，因山地地形复杂，可采取随弯就势，小弯起高垫低的方法，尽量筑成整块连片的梯田，长形的地形要规划成长条梯田，圆形的地形可规划为环山梯田。梯田的田面宽度与高度，应按地面坡度大小决定。一般 5°坡的田面宽 8～10m；10°坡的田面宽 5～8m；15°坡的面宽 4～8m；20°～25°坡的田面宽 3～6m。埂壁高度一般不超过 1.5m，埂壁的上部应稍向内倾斜保持 75°。如采用大石块可砌成垂直埂壁。在取石困难的地方，可采用土埂壁，埂坡一般在 70°左右，埂壁低的可陡些，高的可缓些。水平梯田施工时，先用水准仪测出水平线，沿水平线清基，要求清到硬底，清基宽度 50cm，磊砌中要求石缝错开，嵌实咬紧，填饱嵌实，每砌一层稍稍向内收缩一些，分层砌筑直到稍高出田面为止，砌土壁梯田时，土料要保持一湿度，每填一层土，随即夯实，每筑一层，同样向内收缩一些，直到高出田面 20～30cm 为止，以防雨水浸埂。

二、"围山转"（环山等高撩壕）工程

这种方法也称环山沟法或等高撩壕法，它与修筑水平梯田法类似，但比梯田工程简易。它适用于 25°以下的丘陵地。工程实施前先在坡地上按通过各点由上至下，按千分之三的比降测环山等高线。当上、下两壕间的坡距出现大于 6m 段时，可加设短壕

补密，坡距小于 4m 地段要减行。测出等高线后，再沿线挖壕深 80～100cm、宽 100cm，壕的表层土，放在壕的上方，起出的底土，堆在壕的外沿，并培起高出地面 30～40cm 的土埂，拦蓄雨水。壕沟内用上方的表土和杂草土回填，修成 1.5～2m 宽外高里低的台面。台面内侧挖深 15cm 泄水沟，以利排水。

为防止壕内雨水集中外溢，可在壕内设横向小拦水埂以缓和水势。板栗栽植在埂内厚土处，两壕间的坡面种植紫穗槐或生草护坡。

三、修建谷坊

沟壑地及谷坊是山水集散地带，坡陡流急，冲刷严重，更需重视水土保持。先在沟谷内自上而下，按沟坡度的缓急程度，每隔 5～10m 筑成石坝（谷坊），谷坊切石须坚实牢固，有条件时可筑成水泥坝。筑坝时先挖好坝槽深 60cm 以上，槽底要充分夯实，坝槽两端深入到两侧山坡的土层内。砌坝要选用大块石料。为使坝基牢固，坝底要宽 1～1.5m，顶端不小于 0.8m，坝墙向内倾斜，以求巩固。坝墙高度依沟的坡度和台面大小而定。下坝的墙顶与上坝墙基平行。一般墙高不超过 1.5m。筑坝时要注意留排水道。排水口要牢固，以用巨石或水泥筑成为宜。谷坊工程完成后，经雨季拦淤填平，形成台田，其土层深厚，土质肥沃，适宜栗树生长。

四、树坪、鱼鳞坑法

坡度在 25° 以上的零散地块，可因地制宜修筑树坪。先在局部范围内将坡面找平，用石砌成半圆形或方形树坪，使之起到局部保土蓄水作用。树坪横向直径不小于 2.5m，纵向直径不小于 2m。坪面保持外高里低的形式，以利蓄水，防止大水外溢，内侧两端留溢水口，雨量过大时可以排水。

在较薄的荒山陡坡，挖"围山转"有困难时，可采用挖鱼鳞坑法。挖鱼鳞坑应"水平"定坑，等高排列，坑距4～5m，上下坑错落有序，整个坡面构成鱼鳞状，在雨季以便层层截流，分散地面的径流，一般应在栽树的上一年雨季挖坑，并结合土壤改良，填土应稍低于地面，以利蓄水。坑的外沿高出地面成弧形埂，埂高40cm，底宽60cm。埂土要夯实，两侧留出溢水口，两坑间隙保留生草，坑内填土栽树。

在片麻岩和花岗岩土层较薄的山地建园，深翻改土也是山地建园的一项重要基础工作。除结合水土保持进行人工改土外，为减轻劳动强度，提高改土功效，可采用闷炮扩穴法，疏松深土层。其方法是先沿等高线，相距3～4m，打孔深80cm，孔径10cm，每孔放入炸药150～225g，放入导火索、雷管（雷管要横卧于孔内炸药中部）然后填土砸实，点燃爆破。这样可震松土层100～120cm，震松直径范围150cm，震松土层后，起出底土，回填表土。经过改良的土壤，栽树后根系发达，树体生长快，结果早。

五、利用野板栗嫁接建园

长江流域以南的江苏、浙江、安徽、湖北、湖南、广西以及河南南部、云南东南部、陕西东南部等地，有极为丰富的野生栗树资源（包括野生板栗）。利用自然生长的野生板栗，就地嫁接稍加抚育即可建成板栗园。江苏的宜兴、溧阳，浙江的长兴、吴兴，安徽的广德、舒城，湖北的罗田、宜昌，以及河南的罗山、信阳等地早有用野板栗就地嫁接成园的做法。

自然野生栗在山坡、山坞、沟道、台地，45°以上的陡坡均有分布，为便于管理应选择地势较平缓、土层较厚、避风向阳、易排水的浅山丘陵区为宜。

利用野板栗就地嫁接建园，在我国南方叫樵山建园。"樵山"即是在荒山上按一定距离留足野生栗树后，将其余的杂木和多余的栗树全部清除，然后就地嫁接。嫁接以后尚须在连不断清除杂木树桩上所发生的萌蘖，保证嫁接苗的正常生长。

过去樵山时除清除杂木外，并翻耕树下土壤，保持树下土松草净。但因经常的翻耕土壤，土面疏松后在雨季造成严重的水土流失，因园内土层变薄，根系外露，树势减弱，反而不利于栗树增产。为避免园内土壤遭受雨水冲刷，故栗园樵山后不再翻耕土壤为宜。每年可在园内割除杂草 2～3 次，并将割下的杂草覆盖在树下，这不仅防止土壤遭受冲刷，而且有保墒、提高土壤有机质和增加土壤肥力的效果。

樵山开园一般于冬季或早春嫁接前进行，樵山时应按 3～5m 的株行距定株，定株时选生长良好的植株。樵山可一次完成也可逐年完成。在有条件的地方可采取一次完成，即将园地上所有杂木及多余的野生栗全部清除，这种方式对嫁接树的生长最有利。在劳力少的情况下可采取逐年完成樵山，即在定株的周围，先清除 1.5m 以内的杂木及野生栗，然后嫁接。以后逐年扩大樵山的范围，3～4 年后全部完成樵山工作。樵山后进行嫁接时通常可利用 2～3 年生小苗做砧木，即于地面 20～30cm 处就地嫁接，也可利用 10 多年生以上大树多头高接，嫁接方法可采用截头插皮接和插皮腹接等方法。

该法建园有以下优点：

（1）能早成园、早结果、早收益　由于就地利用的野生栗砧龄大，嫁接后苗木生长快，一般 2～3 年即可结果，4～5 年可获经济产量，比实生造林的板栗提早结果 5～6 年，比人工培育砧木或移植野生砧木进行嫁接的板栗提早 3～4 年。

（2）节省育苗和栽植的人力物力　一般丘陵低山区，平均每人就地嫁接 50～60 株，如育苗移植，每工仅能栽种 20～30 株，可节省用工量 50%，同时，也节省育苗用的种子和育苗的投资。

（3）野生资源丰富，发展潜力大　野生砧不仅在平缓山坡、土层深厚处生长，在较瘠薄的高山陡坡、山溪两岸甚至人工栽树较困难的地方也能生长，通过就地嫁接成园，扩大山地的利用范围。

第二节 板栗规范化栽培技术

板栗高产高效关键技术——"四剪"、"三肥"、"两水"、"一防治"技术。

一、"四剪"

1. 冬季修剪 新嫁接一年生幼树枝条生长旺盛，除疏除极弱枝集中营养外，主要是分散营养，多抽生结果枝。对外围结果母枝和层间结果枝组，进行轮替更新控冠修剪，使其保持良好的树形结构和较大的结果面积。

2. 春季修剪 发芽前对生长过长过旺的直立枝条进行拉枝，拉枝角度45°～50°，并在枝条两侧每隔25～30cm饱满芽处交替刻芽，芽膨大后抹掉其它全部弱芽，使养分集中到饱满芽上，形成壮枝结果。拉枝刻芽后抽生的新枝，有69%可形成雌花，而且雄花量少。对衰弱树，在冬季修剪的基础上，芽膨大期抹掉母枝基部的弱芽，使营养再次集中，产量可提高20%。

3. 夏季修剪 6～7月份，清除内膛过多的娃枝和果枝基部的无效枝，同时对嫁接新梢进行摘心促生分枝，提高幼树早期枝量。

4. 秋季修剪 对摘心后的新梢和短截后未停长的秋梢，8月上旬进行二次摘心，增加顶芽养分积累，促进翌年抽生果枝。

二、"三肥"

1. 秋施基肥 栗果采收后，树体内养分亏乏，此时施入有机肥，有利根系的吸收和有机质的分解，在施入有机肥时，加入适量的磷肥和硼肥；对于增加雌花分化，减少空蓬有明显的效果。成龄树株施150～200kg，幼树50kg，一般每生产1kg栗果，施用有机肥20kg左右，硼肥5g。

2. 夏压绿肥　山地栗园施有机肥运输困难，利用山上荆棵或杂草刈割压施，是一种就地取材的好肥源，同时可以增加土壤有机质，改善片麻岩土壤物理结构和化学性能。

3. 追施膨果肥　7～8月份板栗幼蓬生长迅速，需肥量较大，此时亩追施板栗专用肥50kg，有利于蓬苞膨大，增加果粒重。

三、"两水"

1. 春浇促梢增花水　早春浇水有利于新梢生长和雌花分化，不但能提高新梢生长量，增加当年产量，而且对来年雌花分化有一定效果。

2. 秋浇膨果增重水　秋季干旱时，及时补充土壤水分，有利于增加栗果重量，提高当年产量和板栗质量。

四、"一防治"

板栗嫁接和定植后，主要是金龟子和大灰象甲危害叶（芽），由于两种均为壳翅目害虫，食量大、群集性强，用一般方法防治，往往是害虫被消灭叶（芽）也被食光。根据金龟子、大灰象甲的生活习性，早春在树行间种植菠菜或苜蓿，在其出土期喷洒800倍菊酯类农药，把害虫消灭在危害树叶（芽）之前。

第三节　自然环境

板栗对气候、土壤条件的适应范围较广，但是我国亚热带地区果实生长发育的品质较差，北方过于寒冷的地区和西北干旱地区也不适宜生长。板栗对土壤的酸碱度反应敏感。因此，在发展板栗栽培时，必须考虑气候、土壤的条件。

一、气候条件

1. 温度　板栗在年平均温度10.5～21.8℃，最高不超过

39.1℃，最低不低于－24.5℃，都能正常生长和结果。长江流域板栗的主要产区在湖北、安徽、江苏、浙江等地，年平均气温15～17℃，生育期平均气温22～24℃，最低气温0℃左右。这一地区温度高，生长期长，板栗生长势强，坚果大，产量较高，适合南方品种栽培。北方板栗主要产区在河北、北京、山东、辽宁等地，年平均气温在8.5～12℃，生育期平均气温18～22℃，1月份平均气温约－10℃。该地区气候冷凉，温差较大，日照充足，坚果含糖量高，风味香甜，高糯性，品质优良，是出口的商品基地。适合耐旱、耐寒的北方品种，南方品种常会出现不耐旱，易受冻害等现象。我国南方高温区只适宜在海拔高的地区生产板栗，其他地区因气温过高，冬眠不足，而生长发育不良。北方超过北纬40°30′气温过低，板栗易受冻害，这是板栗栽培的北界。但在小气候较合适的区域（如吉林省永吉马鞍山北纬43°55′）仍能生长良好（稍有冻害）。

2. 雨量 我国南方板栗适于多雨潮湿的气候，南方主产区年雨量为1 000～2 000mm，生长期多雨，能促进栗树生长和结实，但雨量过多，特别是阴雨连绵，光照不足，常引起光合产物减少，品质下降。土壤排水不良，影响根系及菌根的生长，也严重影响树势。因此，不宜在积水处发展栗园。我国北方板栗产区雨量在500～800mm，板栗一般生长良好，由于产区多在片麻岩山区，土壤保肥保水能力差，极易受干旱的影响，群众有"旱枣涝栗"之说，雨水较好年份产量比较高，干旱年份影响产量。

3. 光照 板栗属于喜光树种，要求光照充足，特别是花芽分化要求较高的光照条件，光照差，只形成雄花而不形成雌花，这也是板栗树外围结果的主要原因。在光照不足的沟谷地区栗树枝条直立不充实，树冠内膛和下部枝条很容易枯死，所以板栗适宜种在光照良好的山坡等开阔地带。

二、土壤条件

板栗适宜在有机质较多的砂质壤土生长，砂质土有利于根系的生长和产生大量菌根。黏重土壤通气性差，不利板栗根系生长发育；常有积水或排水不良地块不利板栗生长。

板栗树对土壤酸碱度敏感，适应范围为 pH 4.5～7，最适宜 pH 5～6.8 的微酸性土壤。山区石灰岩风化的土壤一般为碱性，栗树生长不良；片麻岩、花岗岩风化的土壤为微酸，这类土壤通气性也较好，适合板栗生长。有些地区土壤中还含有很多未风化的砂砾，经闷炮扩穴后，板栗生长也较好。

栗树适宜酸性土壤的原因，主要是能满足板栗树对锰和钙的需要，尤其是锰元素，当 pH 高时锰呈不可吸收状态。板栗树是高锰植物，叶片中锰的含量达 0.2% 以上，明显超过其他果树。在碱性土壤中，叶片锰含量将低于 0.12%，叶色失绿，代谢机能混乱，因此板栗必须在酸性土壤地区发展。有些山区群众想发展板栗，但不知土壤是否适合。有的群众说在白土（实际是碱性土）上栽了几年栗树就是不活，其实是对土壤的性质不了解。如何鉴定土壤的酸碱性，这里介绍一种最简单和最直观而且容易操作的方法：将盐酸按 1：10（1 份盐酸 10 份蒸馏水）的比例配成稀盐酸液，将稀盐酸液滴在土壤上，如果有气泡产生，说明是碱性土壤，不能栽植板栗；相反，滴后土壤无反应，可以发展板栗。

三、地势

板栗在山地平原均可生长。在北方山区，一般在海拔 800m 以下、坡度 20° 以下的地方生长较好，超过 20° 时可进行鱼鳞坑栽植。15° 以下的缓坡地建园，可修整成规格较宽的梯田，以便土壤管理和机械操作。15°～25° 的坡面可挖成 1m 宽、1m 深的围山转，以便进行水土保持、蓄积降雨、减少地表径流。迁西县牌楼沟村 1986—1991 年开发围山转 300hm²，1996 年 24h 降雨 146mm 的情况下，300hm² 围山转无一处冲毁，树体长势良好。

板栗喜光，建园应选阳坡或半阳坡。阴坡或半阴坡发展栗园，幼树极易抽条，多年才能成林。而由于受光照和冬春西北风的影响，营养积累少，花期授粉不良，产量较低。

四、风

风是花粉传播的媒体，微风有利于花粉传播，但在山区风口地带建园，雌花柱头黏液保持时间短，不利授粉受精。在我国北部山区的迎风面极易受冻害。另外，要远离对空气质量污染较大的矿产企业，避免对果品造成二次污染（表 4-1）。

表 4-1　无公害栗园空气质量标准（mg/m³）

项　目	年平均	日平均	1h 平均
二氧化硫	0.02	0.05	0.15
氮氧化物	0.05	0.10	0.15
总悬浮颗粒物	0.08	0.12	
氟化物		0.07	0.02

五、环境条件

无公害板栗产地应选择生态条件良好，远离污染源，并具有可持续利用本地区农业系统可再生资源和生产能力的生态区域。无论是水质、重金属离子，还是氯、氟、氰化物等都要符合无公害果品质量标准（表 4-2）。

表 4-2　无公害板栗产区灌溉水质量标准

项目	标准	项目	标准
pH	5.5~7	总汞	<0.001mg/L

（续）

项目	标准	项目	标准
总镉	＜0.005mg/L	氯化物	＜250mg/L
总砷	＜0.05mg/L	氟化物	＜0.1mg/L
总铅	＜0.1mg/L	氰化物	＜0.5mg/L
铬（6价）	＜0.1mg/L		

第四节　板栗栽植

新植板栗生根慢，而又定植在山区片麻岩砾质土壤，保肥保水能力差，华北栗区气候干燥，新植板栗成活率很低。要提高栽植成活率，必须采取相应的技术措施，才能保证园块整齐。

一、苗木选择

苗木质量好坏直接影响成活率，选苗时，应选择直径1cm左右，主侧根系5条以上，根长20cm左右，枝条发育充实，无病虫害的二年生以上健壮苗木。板栗苗木含水量低，最好从当地购苗，随起随栽。从外地购苗时，一定要加湿包装，严防运输中苗木风干失水。另外，一定要考虑苗木的适应性和嫁接亲和性。茅栗在北方地区越冬困难，而丹东栗嫁接中国板栗不亲合。北方山区栽植嫁接苗不如实生苗成活率高，而且成活后生长势很弱。南方雨量充沛，嫁接苗比实生苗见效快，收益早。

二、栽植形式与密度

板栗栽植形式有长方形、正方形、三角形和等高形栽植等，栽植行向以南北行向为好，但山坡地一般随坡向栽植。长方形栽植有利于耕作和田间作业，三角形栽植有利于密植增产，但不便管理。栽植密度应依地力条件及品种特性而定，瘠薄山地河滩沙地栽短枝形品种，亩栽 45～66 株。土质较好，水源充足的地方，亩栽 35～45 株。亦可采用 2m×3m 和 2m×4m 高密度栽植，以提高前期产量，利用轮替更新修剪法，控制树冠扩展速度，延长密植园的高产年限。随着郁闭程度的增加，有计划进行间伐。

三、栽植时期

板栗栽植可分春栽、秋栽和夏栽。

1. 秋栽 秋栽的优点是定植后第二年春季根系活动早，成活率高。北方秋栽的时间以 10 月下旬至 11 月上旬栽植为好，此时叶片变黄失去光合作用，但根系仍在活动。由于土壤温度较高，土壤结冻前可形成少数愈伤组织，有利翌年生长发育。在北方，秋季定植一定要埋土防寒，避免冬季抽条。

2. 春栽 在北方栗产区以清明前后（4 月上旬）为宜。在南方一般在 1～2 月中旬栽植。

3. 夏季栽植 主要针对北方春季山区干旱或水源较远的边远山区。可利用早春营养钵育苗，7 月份雨量充沛季节移栽，此方法成活率高，节省水分，无缓苗期，苗木生长快。

四、栽植方法

针对近几年严重干旱，山地栽植板栗成活率低，发展速度慢的现状，河北昌黎果树研究所在燕山、太行山板栗旱作栽植上，探索出了春季山地"侧根插瓶栽植法"、秋季"无水栽植法"、河滩沙地"泥浆栽植法"和黏土地"干栽免踏栽植法"等新技术，从而使山地板栗栽植成活率大幅度提高，并在河北板栗产区广泛应用。

1. 春季侧根插瓶栽植 4 月上中旬，在围山转内按株距 2.5～3m 挖长、宽、深各 1m 的定植穴。苗木定植时先将废酒瓶（易拉罐、瓶均可）灌满水，将苗木一侧根（粗度 0.3cm 左右）

插入瓶内，把苗木及瓶一同埋入定植穴内，从 2 年生的瘪芽处定干，浇足水。水渗下后树盘修成直径 1m，低于地面 10～15cm 中间低四周高的漏斗形状，然后覆盖地膜防止水分蒸发。据测定，在 30d 无雨的情况下，树盘内的土壤相对湿度达到 56%，连续 54d 无雨，土壤水分低于根系吸收临界值时（对照树已经干枯死亡）瓶内的水分仍能维持苗木生长。降雨 3～4mm 时，1m 见方树盘内水分全部蓄积到根部，干茎周围 10～20cm 深的土壤相对湿度达到 64%。侧根插瓶法在严重干旱年份成活率仍达到 84.6%，一般年份达到 95% 以上。

2. 秋季无水栽植　雨季之前，在围山转内按株距 2.5～3m 挖好 1m 见方的定植穴，每穴施入秸秆或杂草 10～20kg，表土在下底土在上，填至距地面 15cm，覆盖长、宽各 1.2m 的地膜，地膜上扎 15～20 个直径为 1～1.5mm 的小孔，以便雨水和地表径流蓄积到穴内。据测定，年降雨量在 470～650mm 的情况下，秋后定植穴内的土壤相对水分仍可达到 76%～81%，如果秋季雨水多，土壤水分更大，完全可以满足苗木根系生长的需要。10 月中下旬，把地膜揭掉，挖长、宽、深各 40cm 的定植穴，将选好的苗木栽入穴内踏实，并覆盖地膜，试验结果表明，秋季（10 月中下旬）无水栽植加覆盖地膜，不但可以防止水分蒸发，10～20cm 土壤温度可提高 0.2～0.35℃，土壤结冻时间可延迟 7～10d。12 月中旬，土壤结冻前，除去地膜，将树干弯倒埋土防寒，埋土厚度 20～30cm。翌年春季扒开防寒土，扶直树干，从苗木 60～70cm 处的瘪芽处定干，并将树盘修成低于地面 10～15cm，四周高中间低，1m 见方的漏斗状，覆盖地膜。

3. 河滩沙地泥浆栽植法　沙地栗园挖长、宽深各 40cm 的定植穴，再把表土填至穴内 2/3，每个定植穴内填入黏土 15kg。栽植时，每个定植穴浇水 10kg，用铁锹把黏土和沙搅成泥浆状，把板栗苗木插入泥浆内，6～8h 后泥浆重力水全部渗下后，将树盘修成低于地面 10～15cm 的漏斗状，覆盖地膜。防止水分蒸发和提高土壤温度。夏季气温过高时，在地膜上覆盖 2～3cm 沙土，避免地温过高伤害树干和地表根系。2002 年和 2004 年在严重干旱的情况下，用该项技术在迁安王古庄和西晒假山沙地栽植板栗 1 600 亩，成活率达到 82%。

4. 黏土免踏干栽法 常规情况下为保证栽树成活率，提前浇水，重力水渗下后再挖坑栽树，栽后用脚将土踏实，然后浇水。此方法看似合理，实际是极不科学。黏土地的土壤条件差，湿土踏实后再灌水很难使土壤与栗苗根系接触，造成根系漏风死亡。黏土地栽植板栗最好提前挖好定植穴，将土晾干，栽苗时用干土将根埋好（不要踏压）浇水，干土遇水后很快与根系紧密接触，第二天再补浇一遍，由于黏土保水性能好，栽植成活率可达到 95% 以上。

五、大苗移栽

3～5 年生大苗，包括密植园间伐的多年生结果树，均可进行移栽。由于板栗大树根系再生根比较困难，起苗时尽量保持根系完整，做到随起随栽，不要晾晒时间过长。大苗定植后枝干要进行重剪，一般情况下剪到主枝部位，树体较大，可剪到侧枝部位。剪枝的同时进行整形处理，切勿留枝过多，以免蒸发量大，影响成活率。栽后浇足水，第二天复水并覆盖地膜。一般情况下一个月浇 1 次水即可，避免频繁灌水，导致土壤温度过低，影响根系生长。

大苗移栽后，由于根系较粗，生根较慢，地下不能及时供给树上养分，叶片长出后，要及时进行叶面喷肥，用 0.3% 尿素或 0.25% 磷酸二氢钾每隔 10d 喷布 1 次，连续喷洒 3～4 次，可明显提高成活率。

六、栽后管理

1. 定干 苗木栽植后在 60～70cm 瘪芽处剪截定干，并剪掉所有二次枝，严禁在饱满芽处定干，防止芽体过早萌发，枝叶蒸发量过大，造成树体死亡。苗木成活后选留 3 个主枝，为多头嫁接打好基础。

2. 叶面喷肥 栗苗栽植过程中断根很多，吸肥吸水能力很弱，加之板栗的愈伤组织和不定根吸收能力较差，苗木生长缓慢。为了补充树体营养，5 月上旬展叶后每隔 15 天喷一次 0.3% 尿素＋ 0.25% 磷酸二氢钾，全年喷 4～5 次。

3. 追肥 6 月下旬在距树干 25cm 处挖 2 个深 12cm 的施肥坑，每株追施 N、P、K 含量各 15% 的复合肥 50g。

4. 病虫害防治 有些地区，无论是新定植苗木还是和新嫁接的接穗，由于芽叶少，在芽膨大期或展叶前往往被金龟子或大灰象甲食光，严重者被吃光 2～3 次，使栽植和嫁接成活率极低。2002 年迁安市扣庄乡西晒甲山栽植 1 000 亩沙地板栗，由于金龟子和大灰象甲危害，成活率不足 5%。大崔庄镇王古庄村 700 亩沙地栗园连续栽植 2 年成活率为零。为了防止金龟子的毁灭性危害，栗农采用了套袋、喷药等多种措施，但由于虫害基数太大，防治效果很不理想。在田间调查中发现，每个塑料袋内有金龟子 30～42 个，两种害虫严重制约沙地板栗的发展。2001 年以来，通过对金龟子、大灰象甲生活习性的详细观察，很快研究出了防治两种害虫的有效方法。即早春在新定植栗园种植菠菜，在金龟子出土期喷洒 800 倍菊酯类农药，把害虫消灭在危害树叶（芽）之前。二年生以上栗园，夏季在行间种植紫花苜蓿，苜蓿比栗树发芽早，在苜蓿上喷药可收到显著的防治效果。据调查，喷药后每平方米苜蓿地有死金龟子 45～60 头。此方法在金龟子害虫发生严重的栗园防治效果可达到 95% 以上。连续 2～3 年的防治，可把金龟子的虫口密度降低到 10% 以下。大灰象甲可在树干周围撒些玉米渣拌敌百虫粉（10%）毒饵，将成虫诱杀在危害芽叶之前。

第五节 板栗高产栽培途径

一、选用优良品种

根据当地的气候、土壤、降雨量等条件，选择适宜当地丰产栽培的品种，品种要求果粒大小均匀，香、甜、糯俱佳，外形美观，含糖量高，省工管理，既适合国际市场要求，又符合当地群众丰产栽培的优良品种。在抗逆性上，要选择抗旱、抗病虫害性能强，耐贮耐运，既适宜较好土壤生长，又适宜干旱山区、瘠薄沙地高产稳产的多抗性品种。

二、合理的栽培技术

(一) 采用合理的树形结构

目前生产栽培板栗没有固定的树形结构，多数为自然半圆头形，外围结果，内膛光秃，虽然实膛修剪技术推广了好多年，但真正达到实膛结果的园块很少。板栗属喜光树种，极性生长强，要提高单位面积产量，首先要提高树体的着光面积。

1. 自然开心形 主枝 3 个，以 180°角伸向三个方向，然后在三主枝两侧培养侧枝和枝组，用母枝更新修剪法控制技组高度和母枝数量，使树体高度保持在 4m 左右，减少养分在树体运输过程中的消耗。

2. 二层小冠疏层形 一层主枝 3 个，二层 2 个，一、二层主枝间距 1.5～1.8m，一层主枝角度在 65°～75°，二层主枝 45°～55°，层间枝组利用短截直立枝，选留平斜中庸枝结果的修剪方法，使叶幕厚度严格控制在 1m 左右，二层叶幕控制在 0.8m，母枝量控制在 8～10 个/m²，树形高度在 4～5m。

3. 确定合理的群体结构 板栗合理密植，是获得早期高产优质的基础，但由于栽培的品种不同，土壤肥力和修剪管理方式不同，所采用的株行距亦不相同，目前，我国的板栗栽植多数以山坡地为主，按山坡的等高线或围山转栽植，光照条件充足，基本不受行向限制。在土壤瘠薄干旱的山地，根据坡度不同挖出的围山转（一般 4~5m），株距以 3m 为宜，对于栽植矮化品种的栗园，可以栽至 2~2.5m，坡度较缓，土质较好的园块，株距可加大到 3~4m。河滩沙地土壤贫瘠，保肥保水能力差，可适当加大密度。

4. 采用科学的修剪方法 板栗以粗壮母枝抽生新梢结果，基于此种结果习性，过去多留强壮母枝，疏除中下部弱枝或中庸枝，使树体外展速度加快，内膛光秃带加大，单位面积产量低，栗园郁闭后只有间伐。1991 年以来，河北省昌黎果树研究所连续做了大量的母枝修剪试验，一是把一年生结果母枝全部短截；二是把前端粗壮母枝从基部 2cm（保留瘪芽）处短截，保留中庸枝；三是用传统的修剪方法，疏除中庸弱枝，保留先端粗壮母枝。试验结果表明：全部短截的树，从母枝基部瘪芽处抽生的枝条照常结果，但抽生的枝条较长，产量较低（减产 20%~30%）；将粗壮枝短截后，中庸枝和偏弱枝仍然结果，而且短截后的母枝基部抽生的枝条有的当年结果，多数形成中庸营养枝，作为第二年结果的预备枝。第二年再通过截壮枝留中庸枝，使树冠前后都有结果枝，形成轮替结果，并有效控制树冠外移，通过连续几年的母枝轮替更新修剪，产量比传统修剪方法提高 17.6%，树冠面积比常规修剪减少 10%，密植幼树的高产年限延长 3~5 年。

5. 疏雄花、疏蓬苞 板栗花的雌、雄比例为 1∶2 300，花期长达 30d，大量的雄花过多的消耗了树体营养，对板栗雌花形成及正常发育产生很大影响。这也是板栗低产的一个重要原因。进行板栗人工疏雄和化学疏雄，对于增加雌花分化、提高百果重和叶片的生长有良好的促进作用（表 4-3）。

疏蓬苞：结果母枝留量在 6~9 个/m² 的情况下，抽生的果枝粗壮，结蓬数量多。坐果率高的品种，一个果枝结 4~6 个蓬

表 4-3　板栗疏雄对其产量的影响

处理	株产（kg）										平均株产 kg	比对照	
	1	2	3	4	5	6	7	8	9	10		kg	%
疏雄	9.9	19.3	3.4	7.8	12.75	21.1	12.1	18.5	16.1	17.4	13.8	3.1	28.9
对照	9.0	11.5	2.6	5.2	11.3	18	10.6	14.2	12.5	12.8	10.7		

苞，这种果枝上生长的蓬堆，往往由于营养不足坚果粒小，影响质量。6月中下旬，一个果枝有4个以上的蓬苞进行疏蓬，根据枝条的疏密程度，最多留4个蓬苞，枝条较密可留3个。保证坚果质量等级和连年高产稳产。

6. 矮化密植栽培　板栗化栽培还是一个新的名词，在板栗栽培中"矮化"似乎不可能，因为板栗生长高大，结果晚，属于正宗高大乔木。为了适应板栗的生产管理，修剪工具采用3～5m长的钩镰，使板栗修剪更加神秘化。由于传统的放任管理和川枝（追鞭杆）修剪的影响，板栗矮化密植栽培的普及速度较慢。随着对板栗的生长结果习性的研究，板栗矮化栽培正在被广大栗农所认识，有的已经收到了较好的经济效益和社会效益。

（1）板栗矮化密植效果　过去栗果亩栽植密度为8～10株，10～15年才进入盛果期，产量低，效益差。板栗优种嫁接后，结果时间比传统的栽培方式缩短5～8年，产量提高8～10倍，在此基础上，又进行了矮化密植栽培试验。亩栽植密度从过去的8～10株增加到45～110株，产量也从嫁接后第2年的20～45kg增加到100～200kg。昌黎果树研究所在2m×1m高密度栽培试验中，嫁接第2年平均株产达到0.5kg，亩产达到300kg；迁西县汉儿庄乡试验点2m×3m密植园嫁接后，第2年亩产达到200kg。

便于管理　矮化密植栗园密度大，树体矮小，便于管理，有利于机械化管理。特别是修剪、喷药、采收等树上作业效率可大大提高，而且可以减少修剪、采收时对树体的损伤和喷药时对药液的浪费。据试验，矮化型栗园可减少修剪用工 30%～50%，整个生长周期减少开支 20%～40%。

更换品种快 矮化密植栗园结果早，进入盛果期快，在短的周期内，可获得较高的经济效益。随着板栗选育种工作的不断加强，有特殊性状和适应生产与市场畅销的板栗新品种不断出现。单一品种长期垄断板栗产地的现状已经成为过去。而是根据市场和生产需求进行多次高接，有的为适应市场需求已经改接板栗新品种 2～3 次。

提高土地和光能的利用率 由于增加了单位面积内的板栗株数，使土地和光能的利用率大大提高，经济效益显著增加。这是充分利用片麻岩贫瘠山地，在有限的土地上发挥最大经济效益的主要举措，也是对板栗传统稀植栽培的重大改革。

（2）矮化密植的途径 在掌握板栗生长结果习性的同时，改变过去疏弱留强去中庸的传统修剪方法，采用截强疏弱留中庸的轮替更新修剪法，在一个结果枝组中，同时兼顾结果枝、预备枝的比例，使树冠内外有枝，前后结果。

不强调树形 板栗幼树期不过分强调树形，而是控制结果枝的长度，减缓树冠的扩展速度，增加结果枝的数量。在幼树结果母枝达到一定数量的时候，疏除层间的辅养枝，逐步培养树形。在培养树形的过程中，要做到有形不死，无形不乱，因树修剪，随枝造型；有空间则留，无空间则疏。在各年的整形修剪中，要向着一个理想化的树形培养，但绝对不能机械造型。以合理利用空间，最大限度地截获光能，提高树体光合效率和生产能力。

枝组要紧凑 枝组是产量的基础，只有一定量的母枝，才能有较高的产量。在枝组的修剪中要控制先端优势，防止伸展过快而后部光秃。充分利用后部娃枝，在内膛培养枝组，随时更新外围枝组，防止结果部位外移。

肥水致矮 板栗春季发芽后至盛花期（6月中旬）是决定板

栗枝条生长的关键时期，此时控制肥水，可有效抑制树冠的扩展速度。在施肥时，尽量少施氮肥，避免枝条生长过旺，树冠扩展过快。春季控水亦是控制枝条生长的有效措施，在正常雨量的年份一般不用浇水，使结果尾枝稳定在一定长度，减缓树冠扩展速度。

选用自然控冠品种 密植板栗园高产年限短的主要限制因素是过早郁闭，为了达到密植园持续增产的目的，在栽培管理上（包括修剪、施肥、浇水）实施了大量有效的技术措施进行人为致矮，浪费人力物力。利用板栗结果母枝自然更新控冠的特性，在生产上可收到事半功倍的效果。河北省农林科学院昌黎果树研究所选育的"替码珍珠"，枝条自然干枯死亡率占母枝总数的32%，加之轮替更新修剪，可大大延长密植园的高产年限。另外，板栗结果母枝的尾枝长短，直接影响树冠的扩展速度，选用尾枝自然干枯死亡的品种，可大大节省板栗人工控冠的用工量。

选用矮化品种 短枝形品种枝条生长慢，树冠矮小，是板栗矮化密植栽培的理想品种。目前我国已经选出燕山短枝、沂蒙短枝、莱州短枝、日选10号以及海丰变异等板栗短枝形新品种，为板栗矮化密植和高产稳产创造了条件。山东莒南县选出的"沂蒙短枝"，在 2m×1m 高密度栽培条件下，10年平均亩产506kg，最高亩产达到706kg，创造了我国板栗栽培史上的新纪录。

利用矮化砧木 矮化砧木在板栗上应用较少。湖北板栗产区利用野板栗作砧木，起到一定的矮化作用；江西峡江选出的金坪矮垂栗作中间砧嫁接板栗良种，表现出良好的亲和性和矮化作用。新选出的引选3号矮生优株，12年生树高2.3m，冠径2.15m，嫁接板栗后有一定的矮化作用。说明板栗矮化砧应用的可能性和潜在力。

化学致矮 应用对树体生长有抑制作用或延缓效应的生长调节剂，使树体矮小。化学致矮比人工修剪致矮方法简单，工效高，成本低，效果明显。但施用不当伴有副作用。尤其是板栗这种有特殊生长结果习性的树种，在生产上更要先试验后推广。

目前市场上用于果树的生长抑制剂很多，但大多数是用于生长量较大的树种或品种。如多效唑（pp333）、B9（比久）、矮壮素（CCC）、稀效唑等。由于板栗生长时间短，盛果期板栗大树从发芽到新梢停止生长只有两个月左右的时间（4月下旬至6月中旬），枝条生长量在15～25cm之间。幼树生长量虽然较大，但早期施用抑制剂必将影响树势生长和早期枝量的增加，进而影响板栗产量。由于板栗壮枝结果，在使用植物生长调节剂时，尽量选用促进成花效果明显而抑制生长较差的药剂，如稀效唑、PBO等。

第五章　板栗繁殖

板栗繁殖包括有性繁殖、无性繁殖两种。

第一节　有性繁殖

有性繁殖即实生繁殖，其方法简单，成本低，繁殖苗木快，植株寿命长。但它不易保持品种的优良特性，株间差异大，结果晚，产量低，果实外形和品质良莠不一，商品价值低。在以栗果为主的经济栽培区，正在向无性繁殖（嫁接）方向发展。但嫁接繁殖的砧木还需从有性繁殖开始，在干旱少雨的山区栽植嫁接苗，不如实生苗成活率高，嫁接苗成活后生长缓慢，所以，实生繁殖在板栗发展中仍是不可缺少的方法。

一、种子萌发的特性

种子休眠特性　板栗种子成熟后立即播种，即使在适宜的条件下也不能萌发，这种特性称为休眠。这是因为它们的种子秋季成熟后，产生某种抑制种芽萌发的物质，例如脱落酸等，这种物质的存在，可避免种子萌发过程中而遭受冻害。通常情况下板栗种子休眠时间约 2~3 个月。在此时间内，即是有良好的萌发条件，仍不能全部萌发，但不同地区和不同品种之间有较大差别。同一时间内，北方品种比南方品种休眠的时间长，这是对冬季严寒的适应。南方冬季气温较高，种子休眠期时间短。同一地区、相同条件下不同品种差异也很大。广西的中果红皮、贵州的平顶大红栗在贮藏 30d 后发芽为零，广西油毛栗和贵州的下五屯栗发芽率分别为 36% 和 43.8%。在快速育苗中，利用种子早发芽的特性，可获得较好的成苗效果。

二、种子萌发条件

温度：经过休眠的种子在 4℃ 左右开始萌发，15～20℃ 为最适温度，板栗的播种时间因地而异，南方在 2 月中下旬，华北地区在 3 月下旬至 4 月上旬。

水分：种子的含水量在 50% 左右，含水量下降到 30% 时，即失去发芽能力，因此采收的种子必须立即放在湿沙中保存。为了保证播种出苗率，在沙藏催芽前将种子放在水中，剔出浮在水面上的种子。

通气条件：板栗种子粒大，呼吸强度高，苗圃地土质要求透气良好，才有利于种子萌发。板结的土壤不利种子的萌发。基本是在沙壤土中播种，覆土厚度也不要过大，覆土后要轻轻镇压。

三、幼苗生长特性

种子通过休眠后，在温度湿度适宜的条件下开始萌发。胚根先从果顶部伸出，当胚根长到一定程度时，胚茎开始生长。胚茎比胚根晚 10～15d。种子沙藏到春天，有的已经露出白尖（胚根），过长的胚根很容易折断，在播种前去掉 1cm 胚根，有利于促生侧根。

在板栗幼苗中，土壤质地和水分是决定板栗苗木生长的首要因素，在肥水条件良好的沙壤土上，全年苗木生长量可达到 1.2～1.5m，而在同样的土壤上没有水浇条件，只能生长 50～60cm。播种第 2 年，苗木生根系较大，抗旱性能增强，生长较快。在没有任何水源条件下，枝条生长量可达到 100cm 以上。

北方干旱山区发展板栗时多用 2 年生苗木，其原因是 2 年生苗木根系大而多，成活率高。一年生苗木生长量再大，根系却很少，这也是栗农不栽一年生苗木的主要原因。

四、采种、贮藏和播种

1. 采种 选择连年丰产，栗果饱满，无病虫害的果实作为种子。用2、3级栗做种子不利培育壮苗。

贮藏：沙藏法地点应选择地势较高，排水良好背风阴凉的地方。贮藏沟宽30cm，沟深100cm，长度按种子的多少而定。用半干沙与种子分层埋入沟内，沙、栗的比例3：1，距地面10cm时覆土，结冻前再培土20cm。解冻后要经常检查栗果发芽情况，当40%左右种子发芽时即可播种。

2. 播种 育苗地要选在地势平坦，土壤肥沃，透气良好，有水源条件的沙壤土地块。播种前将霉烂、破损和风干果剔出，3月下旬至4月上地温达到10~15℃时即可播种。为便于灌溉多采用畦播，播畦前每亩施腐熟的有机肥3 000~5 000kg，翻地做畦，畦宽1m，长度根据地形状况而定，每畦播3行，株距10cm，栗种要平放，避免立放和倒立放，一般每亩用种50~75kg，播种前5~6d先灌水洇畦，播种时开4~6cm的播种沟，覆土2~3cm并轻轻镇压。在地下害虫严重的地方，播种后在畦内浇800~1 000倍辛硫磷，然后覆盖地膜，防治效果非常显著。

3. 苗期管理 苗木出土后要注意中耕除草和病虫害的防治，喷1 000倍甲基硫菌灵＋1 000倍氯氢菊酯，防治栗枯病和金龟子等食叶害虫。

五、快速育苗

2月份中下旬在温室大棚内沙藏种子，种子与湿沙的比例5：1，当种子的不定根露出60%时，将不定根去掉进行播种。在营养钵中装入80%的壤土，将种子平放入在8cm×15cm，底部有3~4个直径0.5cm透气孔的营养钵中，并把营养钵挨个放在宽100cm，深10cm，长度视营养钵多少而定的平槽中，然后用土填满营养钵浇水。5月中下旬，当苗木长到20～30cm时直接定植到田间。

第二节　无性繁殖（嫁接繁殖）

一、接穗采集与贮藏

板栗幼树嫁接当年即可结果，比实生树提早结果5～7年。10年实生幼树，株产仅0.2kg，同龄实生树嫁接优种后，株产达到2.5kg，产量增加15.5倍。低产劣质大树通过优种高接换头，产量可提高5～10倍。迁西杨家峪村对50年生株产2.5kg低产树进行多头高接，接后3年，株产达到15～25kg。2003年在迁安菜园镇王李庄村沙地高接300亩60～80年实生栗树，当年最高株产1.5kg，相当于改接前的平均株产量，果品质量比改接前提高80%以上，经济效益提高5倍。

1. 接穗的采集　生产上采集接穗的时间一般和修剪同时进行，采穗的时间距嫁接时间越短越易保存，嫁接成活率越高。一般在春节以后，树液流动之前完成。如果接穗需求量大，可以提前采集，但要注意贮藏。采集的接穗，应经过省级以上单位鉴定，在生产上大量推广的优良品种。有的直接从当地表现好的树上采穗，结果表现不出原有树上的优良性状，有的虽然结果，但与推广的优种产量相差悬殊，浪费人力物力，影响经济效益。

板栗接穗有两种，一种是结果枝（棒槌码），枝条顶端有3～4个饱满芽，此接穗利用率虽低，但结果早，易丰产，多数嫁接树当年即可结果。另一种接穗是营养枝，芽数量多，利用率高，但结果晚。采穗时应选取粗度在0.6cm以上，长度15cm左右，顶端有2～4个饱满芽，没有病虫危害的健壮母枝。

2. 接穗的贮藏　把采好的接穗按品种100支一捆，写好标签，以免嫁接和贮藏时混杂。随后及时贮藏在低温保湿窖内。山区可利用现有的薯井或菜窖，窖内的温度要低于5℃，湿度达到

90％以上。贮藏时，把接穗立放，下部 1/5 埋在湿沙中，沙中水分不要太多，以免造成腐烂。一旦窖内过于干燥，可以用塑料布把接穗全部盖严，以免接穗风干。如果接穗数量大，窖内湿度大，贮藏时间又短，可以在窖内设放接穗架，30cm 一层，每层底部铺双层湿麻袋，把接穗直放在立架上。接穗数量较少时，也可以把接穗放在塑料袋内，每袋放接穗 2 000～3 000 支，把口扎严，放在地下窖内，窖内的湿度保持在 90％以上，防止风干。

蜡封贮藏：把石蜡用容器加热溶解，温度不超过 85℃，手拿 5～10 支接穗蘸蜡，然后再蘸另一边，蘸蜡时间不超过 1s，以免烫伤芽体，最后写好标记，放入窖内。封蜡接穗底部不用埋沙，但窖内湿度要大，如果湿度小，可以把接穗放在塑料袋内，每袋 3 000～4 000 支。蘸蜡接穗由于失水少，比不蘸蜡嫁接成活率提高 9.1％～33.3％。

二、嫁接时期

嫁接的具体时期，因各地的气候条件不同而异，同一地区的小气候不同，合适的嫁接时期有差别，为掌握有利的嫁接时期，应以物候期为标准。嫁接最适宜的时期是砧木芽体萌动至展叶前或桃花盛开时进行。此时气温升高，树液流动，形成层活跃，树皮易剥离，嫁接成活率高。如果嫁接过早，温度低，接穗在外部裸露时间长，影响成活率。嫁接时间过晚，砧木已经展叶，此时气温高，虽然嫁接口愈合快，成活率也高，但砧木在展叶时已消耗大量营养，接穗成活后生长量小，枝条衰弱，3～4 年才能结果。

三、嫁接方法

1. 插皮腹接 从砧木接口以上 70～80cm 处剪断，在光滑部位横切一刀，深达木质部，在切口以上挖一月芽形插穗槽，穗槽的大小视砧木年龄和皮层厚度而定，砧龄大、皮层厚，可大些；相反则小些。然后纵切一刀，将接穗下端用利刃削成 6～7cm 的平滑斜面，在削面下方背后用刀削成楔形，将削好的接穗插入皮层内，接穗削面要和砧木的木质部紧密相贴，然后用塑料条将接口包扎好。接穗成活后，将砧木接口以上的皮层除掉，除萌时出只需去掉接穗以下的萌蘖即可，虽然砧木上方会持续部分萌蘖，由于砧木皮层已经被破坏，萌蘖生长缓慢。如果接穗不成活，砧木展叶期可进行第 2 次补接。插皮腹接不用另加防风支柱，省工省力，适应绑防风支柱较困难的低产劣质大树高接换优和砧木年龄较大的实生树嫁接。此方法成活率与拦头插皮接相同，但因为砧木萌蘖较多发芽较慢。接穗成活后第 2 年必须将活支柱从基部清除，避免造成接口腐烂。

2. 拦头插皮接 即从砧木的光滑部位拦头剪断，把削好的接穗插入砧木皮层内，接穗削面外露 1～2mm，以利伤口愈合快，然后用塑料条包扎严。此方法接口愈合快，成活新梢生长量大，萌蘖少。但新梢长易风折，必须绑支柱。1994 年在迁西县旧营村嫁接成活率 95%，由于风折保存率不足 30%。片麻岩山地栽后 1～2 年生幼生树，一旦接穗不活，往往把砧木憋死，1997—1998 年在太行山区内丘县调查，嫁接不成活死树率达到 27.3%。因此，嫁接技术不过关和绑防风支柱困难的条件下最好不用此法。

3. 剪腹接 此法主要用于苗圃地的一年生幼苗，将砧木从地上 3～5cm 处剪掉，在剪口处以 35°角剪一剪口，将接穗削成大小面，接穗大斜面 1.5～2cm，小斜面 1～1.5cm，然后将削好的接穗插入砧木剪口内，接穗的形成层与砧木形成层必须有一面对齐，然后用塑料包扎严。

4. 劈接 适于砧木较粗或不离皮时嫁接，在砧木离地面 5～10cm 表皮光滑的部位剪砧，削平剪口，用刀从剪口中心垂直向下劈开，在接穗的下端两侧削成长 3.5～5cm 的楔，插入劈口内，对准形成层，用塑料薄膜包紧接口（蜡封接穗）。

5. 双舌接 砧穗粗度相差不多的情况下采用。其速度快，且接口结合牢固，伤口愈合快，成活率高，是生产上利用较多的一种。首先将砧木剪断，选择光滑面，削成 3.5～4cm 的楔形，并在其削面上端 1/3 处垂直向下削一长约 2cm 的切口，形如舌状。接穗与砧木处理相同，然后将接穗削面的舌片与砧木削面上的切口对准，至两个削面重合，两个舌片彼此夹紧。砧穗粗度不等时，使一侧形成层对齐，用塑料薄膜将接口绑紧扎严。

6. 裸干嫁接法 适用于较粗砧木或大树高接换头时。接穗削法同拦头插皮接。在砧木拟嫁接部位以上 50～60cm 处剪断，在砧木拟嫁接部位将树皮切断，剥掉砧木接口以上的树皮（剥皮后的枝干称为裸干，用做防风吹折接穗的活支柱），在主干内侧撬开树皮，迅速插入接穗，用塑料条将接口包扎严紧，切忌透风。此方法待接穗成活后把新梢绑缚在接口以上的活支柱上，不用另架防风支柱，接口以上不用除萌蘖，省工省事，成活率高。

7. T字形带木质部芽接法 首先在接穗上选饱满芽，在芽子下端约 1.5cm 处下刀，向上斜削，削过芽子，在芽上端 0.5cm 切断，取下带木质部的盾形芽片（芽片长 2cm 左右）。选择砧木苗皮层光滑部位，切成 T 字形切口，撬开皮层，将带木质部的盾形芽片插入 T 字形的切口中，使接芽上方的横切口与 T 字形横切口对接起来，然后用塑料带包扎严密，只露接芽，并在接芽上方 5～10cm 处断砧。小树或者接穗匮乏时，可以在春季或者夏季时采用带木质部芽接法。

8. 嵌芽接 在接穗上选饱满芽，于芽的上方 1.5cm 处入刀，略进入木质部后平行向下直削 3～4cm，将刀退出，再在接芽的下部 1.5cm 处下刀斜削下去，以切断芽片为度，取下芽片含入口中。在砧苗距地面 5～10cm 处，选光滑部位下刀，切一个与接芽形状、大小相似接口，把接芽镶嵌在接口上，使接芽与砧木的形成层相互吻合。如果芽片与接口的形状、大小不等，要保证上下和一侧的形成层互相吻合。再用塑料带将接口包扎严密。

四、适龄不结果树或低产劣质大树高接换优

对于多年实生不结果或树势衰弱产量低、质量差的栗树，要及早进行高接换优。无论是树势生长过旺还是过于衰弱，当年转化为结果树非常困难。而用结果母枝嫁接，当年即可结果，第 2 年产量增加 3～5 倍。具体方法：首先疏除重叠枝、密挤枝。疏层形树体结构，层间距要保持在 1.5m 左右，主侧枝分明。从 3～5 年生枝干处短截，再用插皮腹接方法进行嫁接。

多年生枝干皮层较厚，插接穗困难，要把枝干表皮刮掉露白再挖接穗槽，将削好的接穗插入槽内。然后用塑料条绑扎严实。

五、砧木年龄

板栗嫁接 3 年生以上砧木成活率最高。此时的木质部已经发育成圆形，韧皮部较厚，形成层活跃，嫁接后极易成活。1 年生砧木的木质部呈五棱形，无论是拦头插皮接、插皮腹接还是带木质部芽接，成活率均低。

对于较粗枝干的光秃带部位，根据枝干的具体情况，每隔 50～60cm 交错插皮腹接，减少光秃带。

六、接后管理

板栗嫁接成活后，加强后期管理是关键，否则极易被风折和病虫危害，造成嫁接成活率高，保存率低。

（一）清除萌蘖、松解接口绑扎物

板栗成活后，接口上下萌蘖生长很快，要及时清除。当新梢长到 20cm 时，结合松解接口绑扎物，并继续绑好，同时把新生枝条绑缚在活支柱上。多年生大树高接时，由于树体平衡受到破坏，抽生萌蘖较多，为了缓和树势，防止新梢过旺而被风折断，可保留与接穗数量相等的萌蘖。

(二)摘心去叶

当嫁接新梢长到 50cm 长时,从新梢顶端 5～6cm 幼叶处摘心,同时摘掉顶端 2 个叶片(保留叶柄),用结果码嫁接的新梢成活后即有雄花。在雄花段以上 4～5 片叶处摘心,并摘掉顶端 2 个幼叶(保留叶柄),促进分枝。试验结果表明,摘心同时摘掉顶端 2 个叶片(保留叶柄),平均抽生新梢 5.12 个(表 5-1),比对照提高 4.34 倍。

表 5-1　板栗摘心去叶效果

处理	处理枝量 (个)	总发枝量 (个)	新梢/母枝 (个)	新梢长度 (cm)	成花枝数 (个)	成花 (%)
夏季摘心去叶	50	226	5.12	67	81	36.00
对照(不摘心)	50	59	1.18	126	41	82.00
8 月 5 日二次摘心	50	0	0		34	68.00

板栗新梢摘心后停长较晚,枝条内有机养分积累不足,成花率为 66%。为使嫁接后 2 年高产,在 8 月中旬进行二次摘心(不去叶)。此时,华北地区天气转凉,摘心后芽体不再萌发,昼夜温差大,叶片积累有机物质多,虽然是秋梢,但顶芽饱满,翌年 85% 以上的枝条能形成雌花。

(三)病虫害防治

1. 栗透翅蛾　板栗嫁接后,接口处是栗透翅蛾成虫产卵的主要场所,卵孵化后幼虫咬透塑料绑扎物,直接在接口处危害,造成新梢死亡。1992 年在迁西县赵庄乡旧营村调查,接口透翅蛾危害率高达到 67%。故在松解绑扎物时用 300～500 倍内吸性杀虫剂涂抹接口,防治效果可达到 100%。

2. 金龟子的防治　嫁接后把接穗用塑料袋套好,新梢成活后将塑料袋顶端撕破,使新梢正常生长。

人工捕捉成虫。同时早期在树下种植青菜,新梢成活后往菜上喷药,可大大减少金龟子危害。

3. 大灰象甲　大灰象甲主要是顺树干上爬，将芽、叶食光。防治方法：人工捕捉成虫；在树干周围撒毒饵，将其杀死在上树危害之前。

4. 伤流的防治　春季板栗嫁接后，从接口处流出褐色的物质，造成接穗死亡。

防治方法：

放水　嫁接后一旦出现伤流，从接口下方3～5cm处沿砧木纵割2～3刀，深达木质部，使伤流从伤口流出，避免树液浸泡接穗。

晚接　砧木展叶后树体养分全部上运后再嫁接，可完全避免伤流。但此时嫁接由于树体养分全部供给枝叶生长，嫁接时又把枝叶全部剪掉，接穗成活后养分供给不足，枝条生长衰弱，结果晚。

七、组培快繁

组培快繁是当今农业生产上加速新品种、新苗木的必要手段，组培可使紧缺苗木成工厂化育苗，在短时间内数量呈几何形增长。

（一）组培条件

①从母树上取当年生的带腋芽的茎段，切成5～7cm，用自来水冲洗15～30min，然后用75％酒精浸泡10～30s，取出置0.1％升汞溶液中处理3～5min后，在超净工作台上用无菌蒸馏水浸泡3～5次，每次3min，将消毒后的茎段切成带有腋芽的1.5～2cm小段—在无菌条件下接入灭菌后培养基上—封好透气膜—转入培养室培养。

②将优种板栗果实剥去外壳，用自来水冲洗5～10min，用75％酒精浸泡5～15s，取出置0.1％升汞溶液中处理2～5min后在无菌超净工作台上用蒸馏水浸泡3～5次，每次3min，将消毒后的果实在超净操作台上剥离出幼胚接种于培养基上。两种外植

体的培养温度均为 25℃，光照 1 600lx，每天光照 15h。待外植体长出 5～7cm 的茎段时将其转接到生根培养基上。

（二）培养基的配置

采用不同的基本培养基如 MS、B5、N6 等，添加不同的激素（BA、IAA、NAA、GA、IBA 等）以及激素之间的不同浓度的多因子拉丁方试验设计，加入活性炭、抗氧化物质、马铃薯汁等物质的对比试验，找出最适宜板栗生长的基本培养基、激素种类以及浓度配比等。

（三）组培方法

①优种板栗茎段接种到适宜的培养基上，7d 左右腋芽膨大并开始伸长放叶，15～20d 后长到 5～7cm 的茎段，有小部分外植体在茎节截面形成愈伤组织，没有丛生苗产生；

②通过胚发生途径的，接种 3～5d 后幼根生长，并且不断延伸，5～7d 后长出幼芽，再经过一周时间的培养，成为 5～7cm 高的微型植株。

③将通过优种板栗茎段作为外植体获得的优种板栗植株接种于生根培养基上，在 7～10d 的培养后，在再生小植株的茎节韧皮部和木质部交接面出分化出肉眼明显看见的突出的白细幼根生长点，在 20～25d，长出 5～7cm 的白色根系。

随着组培技术的迅速发展，板栗组培技术取得了一定的进展，然而要真正实现工厂化育苗，在技术上还存在一定困难。主要表现在：由愈伤组织诱导成苗难；离体培养时单宁的释放，其毒性引起外植体在最初几天培养中死亡；板栗组培苗生根率较低。在今后研究工作中，从根本上解决这些问题，板栗的组培快繁将成为板栗无性繁殖最有价值的方法。

第六章　板栗整形与修剪

粗放管理的板栗谈不到修剪，更无整形技术，过去把修剪称之为"川树"，即用斧头砍掉大枝，用钩镰疏除细弱枝，利用先端壮枝结果。年复一年的川枝，使树冠外移，内膛光秃，单位面积产量极低。近年来，通过对板栗生长结果习性的研究，在树形结构和修剪上都有了较大的突破。板栗产量和果品质量的大幅度提高，整形修剪发挥了主要作用。

第一节　整形修剪作用

板栗树冠随树龄增长而扩大，枝叶过多，势必造成外密内空、树势早衰、大小年现象严重、产量和质量大大降低等严重后果。及时、合理的修剪可起到以下作用：第一，提早结果。通过整形修剪，可以使树体提早成形，促进分枝，增加果枝比例，有利于早实丰产。第二，调整树体结构，扩大结果空间。板栗喜光，通过整形修剪使骨干枝分布均匀，结构合理，层次分明，使内膛有良好的光照条件，防止内膛光秃，减缓结果部位外移，增大树冠有效结果容积。并可调整树冠各部分的枝叶疏密、分布方向和叶面积系数，使树冠的有效光合面积达到最大限度。第三，调节枝类组成比例。不同的品种、树龄要求有相应的、适当的枝类比例，只有通过修剪，才能使年生长周期内各枝类的组成比例及营养物质运转、分配和消耗，按正常的生长、生殖节奏协调进行。第四，调节生长与结果。通过修剪调节树体营养分配，稳定产量，提高品质，避免出现大小年，并可以平衡树势，使营养生长正常而不过旺徒长，结果枝适量成花、结实而不削弱树势，从而达到连年高产稳产的目的。第五，复壮树势。修剪还可平衡群体植株之间和单株各主枝之间的生长势，从而达到产量均衡，便于管理。此外，修剪也是使地上部位与根系保持协调生长的手段，通过特定的修剪方法，使弱树衰老树更新复壮，再度丰产。第六，提高果品质量。树体留枝量过多，因营养不足而影响雌花分化，可导致栗果产量低、质量差，通过修剪控制枝量可显著提高栗果质量和产量。第七，减少病虫害。多数病虫害的卵和病菌孢子在栗树枝干上越冬，通过修剪可消灭大量虫卵和越冬病菌，减少打药次数降低生产成本。

第二节　栗树整形

新发展的板栗幼树多为密植栽培，土壤、光能利用率高，结果早，受益快。但控制不好，树冠很快郁闭，导致光照不良，内膛枝细弱，枝干秃裸，产量下降。由于受传统放任管理的影响，生产上没有理想的丰产树形结构，因此，单位面积产量低，密植幼树郁闭快，高产年限少。采用合理的树形结构，根据板栗的生长结果习性，人为控制树冠扩展速度和层间枝组高度，是保持密植园的高产稳产的基础和保证。目前生产上的板栗大部分为自然半圆形，光照差，产量低。幼树多采用"开心形"和"二层小冠疏层形"结构，要求低干矮冠，骨干枝少，结果枝多，主枝角度开张，实膛结果，有效结果面积大，单位面积产量高。

一、开心形

主干高 50～60cm，全树 3 个主枝，各主枝在中心干上相距 25～30cm，3 个主枝均匀伸向 3 个方向，主枝角度 50°～60°，各主枝左右两侧选留侧枝，在主侧枝上培养结果枝组。

该树形的特点是：树冠无中心干，从主干顶端向外斜生，树冠较矮而开张，树体结构着光面积大，适于密植，是目前板栗上最好也是应用最多的一种树形。

二、二层小冠疏层形

疏层形树体结构是稀植条件下常用的树形，由于板栗顶端壮枝结果，一般情况下内膛枝组高度不易控制，基本是分层形结构，多数成为圆头形或半圆形，外围结果，内膛光秃。近年来通过对结果母枝习性的研究发现，短截粗壮枝，中庸枝照常结果。短截直立壮枝，平斜生枝照常结果，板栗这种结果习性，为整形和控冠提供了可靠依据。

疏层形干高 60～80cm，主枝 5 个，一层主枝 3 个，主枝角度 60°～70°，方位角 120°，叶幕厚度控制在 80～100cm，每个主枝两侧着生 2 个侧枝，第一侧枝距主干 50cm，第二侧枝在第一侧枝的对面距 40～50cm，侧枝基角 50°～60°，在主侧枝上培养结果枝组。二层主枝 2 个，与一层主枝相距 1.5～1.8m，主枝上不留侧枝，在主枝上直接着生枝组，树高 4.5～5m。板栗前期枝量少，为提高产量，一般以拉枝刻芽和短截刻芽增加枝量。所以，板栗前期不要过分强调树形，随着枝量的增加，逐步培养树形。

在生产中具体采用哪种树形，要根据立地条件和整形修剪技术水平而定，对于肥水条件较好，修剪技术水平较高的栗园，应采用开心形；对土层较薄，栽植密度较大的丘陵山地，应采用疏层形；角度开张，可培养疏层形，相反则用开心形，以发展不同地力条件，不同品种的最大增产潜力。

第三节　栗树修剪

一、板栗修剪时期

成龄板栗大树的修剪工作主要以冬季修剪为主，夏季修剪为辅。板栗幼树修剪除冬、夏两季外，春天的拉枝刻芽和秋季的短截、摘心等工作也很重要。四季修剪的密切结合，是板栗树高产、稳产的重要保障。

（1）冬季修剪　落叶之后至萌芽前进行的修剪统称为冬季修剪，冬剪是板栗修剪中最为重要的一个时期。一般12月下旬至翌年3月最为适宜。冬季修剪不宜过早，过早的话剪锯口易干缩。亦不宜过晚，3月下旬以后，修剪伤流较多，造成营养损失，同时伤口难以愈合，容易感染病菌，进而影响到全年树势。

（2）春季修剪　萌芽前一个月是春剪的最好时期。春剪主要在幼树上实施，是幼树早果、丰产的最重要措施。幼树通过实施拉枝、刻芽、抹芽等春季修剪技术，可使幼树早期产量提高2～3倍。对于衰弱树，在冬季修剪的基础上，辅以春季修剪，产量可提高20%。

（3）夏季修剪　又称生长季节修剪，夏剪的主要工作集中在6、7月份。幼树和生长旺盛的成龄树，需清除内膛过多的娃枝和果枝基部的无效枝，并对生长过旺的新梢摘心，增加枝条数量，扩大结果面积。夏剪对幼树、旺树效果最为显著，是冬季修剪不能替代的。

（4）秋季修剪　果实采收后至落叶前，是修剪的较好时期。秋剪主要在幼树上实施，8月上旬（立秋前后），对新嫁接幼树的秋梢进行二次摘心，增加顶芽养分积累。另外，对幼旺结果树过长的果前梢在栗苞以上4～6片叶处摘心，减缓树冠外延速度，也是幼树秋季修剪的重要内容。

二、嫁接次年幼树修剪

嫁接次年采用拉枝刻芽修剪新技术可实现早果丰产的目的。拉枝有利于扩大树冠，加速成形，改善通风透光条件，调节养分和内源激素的运输和分配，调整树势，促使成花，并充分利用空间，实现立体结果。板栗上的拉枝是把所有枝用细铁丝都拉成60°～80°的角度，主枝和侧枝都不短截，全年也不用解拉绳，此举的作用：一是扩大树冠投影面积，占满整个田间，获得理想树形。二是减弱旺盛生长的树势，集中供给养分，给枝条创造结果的条件。三是提高产量，不拉枝株产 0.25kg 栗果，拉枝后株产可达 0.5～1kg 栗果。拉枝刻芽技术具体包括以下几个步骤：第一步，嫁接后预拉枝的准备。嫁接成活后，一株接 3 个接穗的，一个接穗保留 2 个新梢；一株接 2 个接穗的，一个接穗保留 2～3 个新梢，以利集中养分，新梢和其上侧梢都不摘心，让新梢生长到 1.5m 左右。来年新梢培养成主枝，一株幼树最多选留 4～6 个主枝，多余枝疏除。一个主枝留 2 个（拉枝后水平位置）侧枝，多余疏掉。第二步，拉枝处理。时间 3 月下旬至 4 月上旬。一是牵枝：树与树间的对角与斜角枝，用铁丝把这些枝两两牵成 60°～80° 的角度。二是拉枝：无法牵枝的，地面钉木桩，然后把枝拉成 60°～80° 的角度。如果选用绳子为拉枝的材料，注意绳子与地面保持 10cm 以上的距离，避免烂绳。三是坠枝：用细铁丝，坠上石头，把枝拉成 70° 角度。拉枝过程中一定要避免重叠枝、交叉枝出现，多余枝从基部疏除。第三步，刻芽处理。刻芽的最佳时间是枝条发芽前（3 月下旬至 4 月上旬）。把牵拉完的枝条，按照 15cm 一个结果枝的距离，在枝条的侧背上方选健康芽，用钢锯片在牙前 3mm 处刻芽，一定要锯到木质部，以此来促生结果枝，这样的处理促生的新梢当年即可结果。第四步，拉枝刻芽后夏剪。6 月下旬进行，促生的新梢部位好的选留培养成结果枝组，不结蓬的留 20cm 短截。徒长枝、竞争枝、交叉枝和没有发育空间的新梢全部疏除。部分背下枝、细弱枝可留作辅养枝。

此方法管理，嫁接第 2 年亩产可达 100～200kg，株产可达 0.5～2kg。

三、幼树期树体修剪

板栗幼树营养生长旺盛，在常规技术管理条件下，幼树结果枝量少，产量低。河北省昌黎果树研究所经过多年的研究与实践，探索出了板栗幼树早期早果丰产修剪技术。

（1）冬季修剪　新嫁接一年生幼树枝条生长旺盛，除疏除极弱枝集中营养外，主要是分散营养，多抽生结果枝。其方法是：对一株树只有一个壮旺枝，从 1/4～1/3 饱满芽处短截，并从剪口第 2 芽以下连续目伤 3～4 芽，目伤宽度 0.1cm 左右，目伤后营养分散，抽生的枝条多数是中庸枝，有 56% 的当年即可形成雌花。

对壮旺枝较多的树，春季进行拉枝处理。2～3 年生初结果幼树生长茂盛，三叉枝、四指枝、五掌枝较多，对此类条要进行轮替更新修剪，以使树冠内外结果。三叉枝从壮枝基部 2～3cm 处短截，保留 2 个中庸枝结果，四指枝根据枝条的生长方位，短截 1～2 个顶端壮枝，五掌枝短截 2 个先端壮枝，利用中庸短枝结果。短截后的壮枝基部瘪芽当年可抽生较壮营养枝，翌年结果。改变去后留前，去弱留强，去中庸留壮枝，树冠扩展快，内膛光秃，单位面积产量低的传统修剪方法。多年实践证明，利用母枝轮替更新修剪，前后有枝，可随时回缩外围枝组，树冠紧凑，内外结果，树冠扩展缓慢，可大大延长密植园的郁闭时间，保持高产稳产。

有些栗农舍不得短截壮枝（轮替更新），母枝留量过大，果粒小，质量差，高产低效。也有些栗农为了控制树冠外移，冬季过重短截果前梢，结果减产 60% 以上。2003 年，燕山栗产区的栗农在河南省安阳栗产区承包了上百亩板栗园，由于该地区雨量较大。尾枝较长，为了控制树冠外移，冬季修剪时短截大量尾枝，结果造成 2004 年基本没有产量。

（2）春季修剪　发芽前对生长过长过旺的直立枝条进行拉枝，拉枝角度 65°～70°，并在枝条两侧每隔 25～30cm 饱满芽处交替目伤，发芽后抹掉全部弱芽，使养分集中到饱满芽上，形成壮枝结果。试验结果表明，拉枝刻芽后抽生的新枝，有 69% 可形成雌花，而且雄花量少。对衰弱树，在冬季修剪的基础上，芽膨大期抹掉母枝基部的弱芽，使营养再次集中，产量可提高20%。

（3）夏季修剪　6～7月份，清除内膛过多的娃枝和果枝基部的无效枝，同时对砧木年龄较大、生长过旺的新梢进行2次、3次摘心，增加枝条数量，扩大嫁接幼树结果面积。注意，结果枝的尾前梢不要在夏季摘心，否则出现2次结果。2003年邢台地雨量充沛，果前梢较长，有些栗农为了减缓树冠扩展速度，7月份对较长果前梢进行摘心，结果80%以上出现2次花。

（4）秋季修剪　对新嫁接摘心后和短截后未停长的秋梢，8月上旬进行二次摘心，增加顶芽养分积累。实验结果表明，未停长的新梢立秋前后摘心，枝条成熟度高，顶芽饱满，抽生果枝多。另外，对幼旺结果树过长的果前梢，在栗蓬以上5～8片叶处摘心，减缓树冠扩展速度。

四、盛果期树体修剪

栗树进入初果期后，要注重强调树形结构，以使树体上下着光、树冠内外结果。因此，在修剪的同时注意调整树形，疏除过密辅养枝，打开光路，使树冠内外枝条旺壮，连年高产稳产。对结果大树的修剪，视树体的具体情况，用疏枝，母枝轮替更新，定量、定性选留母枝，来调解生长与结果的平衡。具体方法可为"集中"和"分散"两种，"集中"剪法就是多疏枝，疏除过密主干枝，细弱枝，病虫枝，无用枝，集中养分，使弱树转壮，营养枝转为结果枝。"分散"就是对壮树适当多留枝，拉枝，刻芽，分散养分，缓和树势，使营养生长转为生殖生长。对老树、弱树，以"集中"修剪为主，初结果旺树、旺枝，以"分散"修剪为主，有时在同一株树上，同一个枝组或枝条上"集中"和"分散"方法并用，从微观上调解树体平衡。

河北省昌黎果树研究所经过多年的研究与实践，探索出了板栗盛果期大树"轮替更新"修剪技术，轮替更新既是在栗树上选取部分1、2、3年生枝条自其基部以上3cm处短截，使其基部隐芽当年抽生成营养枝（预备枝）积累营养，用以来年作为结果母枝结果的修剪方式。该技术可使盛果期大树亩产200～250kg并维持15～20年，较常规栽培技术延迟栗园郁闭5～8年，增产20%～30%。具体操作手法为：

（1）结果母枝的轮替更新修剪　培养和保持一定数量的结果母枝是丰产稳产的关键措施。结果枝分为强、中、弱、极弱和鸡爪码，强果枝30cm以上，顶端有5～6个混合芽，这种枝条结果能力强，但树冠扩展快，内膛光秃带大，应以极重短截为主，使基部瘪芽抽生中庸枝。中结果枝，顶端有3～4个混合饱满芽，结果后翌年仍能抽生果枝，但留量过多时，枝条转弱，修剪时，短截较壮枝，保留1～2个中庸结果枝，集中养分，使翌年仍抽生中果枝。弱果枝10cm左右，顶端饱满芽少，当年有果，翌年则抽生细弱枝，修剪时，以疏间为主。极弱枝结果能力差，营养不良，多出现空蓬或单粒果，修剪时应重点疏除；鸡爪码是树势极度衰弱的表现，枝长不足5cm，拟似鸡爪，枝顶尖细，一般仍抽生极弱枝，此类枝条虽然不能结果，但春季消耗的养分并不少，往往由于此类枝条消耗养分过大而难以形成雌花。

培养结果母枝主要从三方面着手，第一，保持结果母枝连续形成。对于三叉枝、四指枝、五掌枝，此类枝条要进行轮替更新修剪。三叉枝选留1个中庸枝结果，选取一个壮枝自其基部2～3cm处短截，待其基部隐芽萌发当年形成营养枝（预备枝）。四指枝和五掌枝根据枝条的生长方位，保留1～2个中庸枝结果，短截1个顶部壮枝，其余枝条全部疏除。通过保留、疏剪和短截，每平方米保留6～9个结果母枝，如此留枝量可使结果母枝营养集中，盛果期树能连续稳产5年。第二，把弱枝变强。5年以后通过短截形成的小枝逐年变成内膛枝，这些小枝一般很难转强变成结果母枝，这就需要进行重截小更新修剪。小更新修剪是局部枝条回缩修剪的一种方法。当回缩到预备枝前端时，这些预备枝变成了顶端枝，由于营养集中和顶端优势的影响，小枝转强又形成较强的结果母枝。强结果母枝连续结果几年后又转弱，再更新修剪。每年有 1/4 左右的枝条进行小更新修剪，可使枝条上下错开形成立体结果。一般 4～5 年后全树枝条循环 1 次，使弱枝变强，保持结果母枝旺盛，这是丰产稳产的重要措施。第三，把旺枝变弱。板栗是壮枝结果，但过旺的枝条不能结果。对于由更新修剪短截口下生长出的旺枝，我们要把这些旺枝变成健壮的结果母枝。其方法有：其一摘心，当旺枝长到 30～40cm 时摘心，可促使下部芽萌发形成副梢，粗壮的副梢第二年能抽生结果枝。其二中截，冬季修剪将旺枝中截，促使下部芽萌发出几个枝条，在光照好的情况下，可形成结果母枝，对萌发过旺的还可以摘心，控制生长，形成副梢结果。其三改变角度。对直立旺枝用绳子捆绑，使其变成 60°～80°角度，可萌出较多小枝，削弱生长势而转变成结果母枝。

（2）细弱枝的修剪　就板栗而言，弱枝有两种：一种是雄花枝，开大量雄花消耗大量养分；另一种是弱发育枝（纤细枝），萌发后生长一些叶片。以上两类枝条群众称之为"白吃饱"，一般不能转化为结果枝。在修剪时，对于雄花枝和纤细枝，除一小部分留作预备枝增加树冠叶片量外，其他枝条全部疏除。

（3）徒长枝的控制和利用　成年结果树上的各级骨干枝，都有可能发生徒长枝，如放任生长，势必扰乱树形，消耗养分，因此必须加以疏除或改造。在改造徒长枝时，应注意枝的强弱、着生位置和方向，并且不要保留过多。利用徒长枝培养结果枝组时，生长势过旺的应加以控制，可以用"先放后缩"的方法，第一年长放，2～3 年后于分枝处回缩，去强留弱，缓和生长势改造成结果枝。对改造成的结果枝，应及时回缩，并采用局部更新的方法控制生长和结果。生长不旺的徒长枝，其生长势比较缓和，可以控制改造，使其成为结果枝组，补充树体光秃空间。

（4）枝组的回缩更新（大枝回缩） 前面提到的小更新修剪，也是大枝回缩中的一种轻度回缩。回缩大枝对于树形紊乱，修剪基础差的栗树尤为重要。枝组经过多年结果后，生长逐渐衰弱，结果能力下降，应当回缩使其更新复壮。如结果枝组基部无徒长枝，则可在4～5年生枝条基部留1～3cm长的短桩进行短截，促使基部休眠芽萌发为新梢，再培养成新的结果枝组。回缩时要掌握以下几项原则。第一，照顾树冠整体的均衡性，做到枝条之间有伸有缩，上下错开，有利于光能的利用，并且达到立体结果，首先要回缩交叉枝和重叠枝。第二，回缩前端已无适宜结果母枝的大枝，大枝前端"鸡爪码"多并且结果很少，这类枝条是回缩修剪的重点。第三，回缩光腿枝。有的大枝先端虽然有少量结果母枝，但伸展得很长，运输距离很远，这类枝条应该回缩，修剪时回缩至下部有枝条的部位，如果下部没有合适的枝条，也可以剪到多年生隐芽处，促隐芽萌发。总之，通过大枝回缩，每年回缩1/4左右，4～5年全部更新枝条，可以控制树冠，避免栗园郁闭。

（5）层间结果枝组的修剪 在修剪中，短截层间直立壮枝，选留平斜生中庸枝结果，层间枝组母枝留量每平方米不超过6个，使冠内有充足的光照条件和营养积累。如果枝组过高，影响光照，可进行适当回缩，然后按轮替更新修剪法，调整母枝角度和生长高度，及时回缩较弱枝组，使其保持稳定的片状和平扇状结构。

（6）内膛娃枝的利用 内膛空间大，光秃带多的大树，要重疏树冠外围果枝，轻缩前端枝组，促使内膛抽生娃枝，轻度短截娃枝，使其分生枝条，第二年疏除中间直立枝，利用两侧平斜中庸枝结果，第三年可培养出一个4～6个母枝的小型结果枝组，每株树培养6～8个内膛枝组，可增加产量2.5～3.5kg。

（7）其他枝的修剪 盛果期大树枝量和枝类繁多，大枝常出现密挤、竞争等不利情况，修剪时注意疏剪和回缩这类大枝，使之都有一定的空间。对于树冠上的纤细枝，交叉枝，重叠枝和病虫枝一律疏除。

五、放任树的修剪

对于管理粗放，一直放任生长，树形紊乱，内膛光秃，并且树冠外围枝头出现大量的病弱枝和枯死枝，树势极其衰弱，不能结果的放任衰老栗树，可进行更新复壮处理。对放任大树的复壮要分两步走，而更新则需通过大树高接换头。

（1）修剪复壮 第一步：调整树体结构。将过高的中心干落头，一般可改造成双层树形，上下两层保留 1.5m 左右的层间距，凡是在层间距内遮光明显的主枝一律去掉，使树体各部分都能很好地通风透光。在落头整形的当年中，由于去枝量较多，修剪量已经很大，所以除病虫枝和鸡爪码外，其他保留下来的骨干枝上 1～2 年生结果母枝可以暂且不动。到夏季修剪时，对骨干枝后部潜伏芽萌发的新梢留 10～15cm 摘心处理，将其培养成结果枝组。第二步：调整结果枝组。首先将树体上拥挤、交叉的细弱结果枝组去掉。对前部已无健壮结果母枝的枝组，可回缩至其 2～4 年生枝基部，待回缩部位发出新梢后，视新梢强弱和在树冠内着生空间，培养成结果枝组或疏除。

（2）高接换头更新 锯除过多的辅养枝和无效枝，整理出砧木树形，从主侧枝的前段 3～4 年生处锯断，在余下的枝干上每隔 30～50cm 交替嫁接接穗，40 年生左右的栗树，一般嫁接60～70 支接穗。嫁接方法采用插皮腹接法，接穗削面要平滑，长度 5～7cm，接穗削好后立即插入枝干的接穗槽中。嫁接接穗的枝干前面要留出 60～70cm 的活支柱，以便接穗成活后绑缚新梢。当嫁接部位已经愈合牢固，要及时地解除接口上的绑扎物。如果解除过晚，可造成嫁接部位的缢伤；解除过早，接口愈合不牢，容易造成嫁接树新枝死亡。接穗成活后枝干上要保留多于接穗 1～2 倍的萌蘖，以保持树上与树下营养的平衡，减少新梢风折。

如此操作，嫁接当年新梢生长量 50～60cm，第二年树势中庸，即可结果。在大树高接中，如果接穗使用量过少或者嫁接枝干回缩过重的树体，嫁接当年枝条生长量可达 1.5～2.0m，由于栗树树体高大，拉枝、刻芽、短截等修剪处理操作不便，因此第二年树体抽生的枝条全部位于嫁接新梢的顶端，这样树势旺，产量低，在生产上应尽量避免出现此类情况。

六、衰老树的更新修剪

衰老板栗大树有 3 种情况。一种情况是树龄虽老但还能保持一定的结果量。这类栗树的修剪方法，主要是通过前面叙述的小更新修剪和回缩修剪，每年更新 1/4～1/3，促使萌发旺枝，树上的枝条逐年更新。第二种情况是结果量已经很小，但树体还不是非常衰弱，有一定的生长势。这类树需进行全树大更新修剪，使老枝更新，返老还童。第三种情况是已经不能结果，同时树体衰弱，这类树一般应该清除，特别是占用好地时，不必进行培养。但是，硬要延长寿命，争取恢复结果能力情况下，也可以通过先增施肥水进行地下更新，带动地上部分恢复生机，然后再进行大更新修剪。地下更新和大更新修剪的具体操作是：第一步，地下更新。所谓地下更新，就是挖沟施肥时，有目的地伤其根系，使老根断折后长出新根，增加根系对肥水的吸收能力，进而促进地上部位枝条生长。第二步，大更新修剪。在冬季将全部枝条更新，一般用锯锯断枝头，锯口不要超过碗口粗，伤口太大不易愈合，并易感染病害。通过回缩后，全树冠约缩小 1/3。树冠较大的老树，锯口数量可为 30～50 个。锯大枝时，严防拉下树皮和劈裂枝条。冬季修剪后，春季锯口处的隐芽能萌发，长出强健新枝。夏季通过摘心，促进枝条萌发出生长势缓和的侧枝。第二年冬季修剪时，对旺枝再进行中截，刺激其多长枝叶。由于更新后的大树需要大量叶面积才能保持树势，所以多留枝条，一般不疏剪。大更新修剪后的老树 2～3 年即可结果，此后需注意结果母枝的留量要比正常树少一些，多进行短截修剪，以免产量过高又引起老树衰弱。

七、郁闭园的修剪

随着板栗树体的逐年扩大，栗园不可避免地会出现封行郁闭的现象。栗园开始发生郁闭后，通风透光条件就逐渐变差，造成病虫害增加、枝条枯死、产量下降。如不及时处理，会发生产量锐减、甚至绝收的严重后果。

对于出现郁闭的栗园，可以从种植密度、修剪方法和品种改良三方面进行调整。首先调整栽植密度：先在株间隔株去除 1株，2m×3m 调整为 4m×3m，使密度减小一半。几年后再在行间隔行去除 1 行，4m×3m 调整为 4m×6m，使密度再减小一半。株、行间的伐除交替进行。对于移除的板栗大树，如有条件可以移植到别处另行种植。其次通过树体修剪调整：间伐后留下的植株的主干枝要进行疏除或回缩处理，打开光路；对较高的植株首先要降低树体高度，将过高的中心干落头，培养主干枝中下部枝组；对于修剪后抽生的旺壮枝，夏季利用摘心去叶、春季利用短截刻芽缓和树势；冬季采用轮替更新修剪，控制树冠扩展，防止再度郁闭。最后通过优良品种高接换头更新：对于间伐后的衰老植株，锯除过多的辅养枝和无效枝，整理出砧木树形，从主侧枝的前段 3~4 年生处锯断，在余下的枝干每隔 50~80cm 交替嫁接优良品种接穗。

第七章　栗园土、肥、水管理

第一节　土壤管理

土壤管理是果树栽培的根本，建立果园良性循环的生态系统，尽可能减少化学物质对土壤的污染，不断提高土壤肥力，改善土壤理化性状，是贯穿于果树栽培整个过程的核心。板栗丰产栽培，尤其是生长在片麻岩山地、河滩沙地的栗树，由于土壤结构不良，保肥保水性能差，虽然生长多年，但树势衰弱。1992年，在迁西县纪庄子村，对栽植在花岗片麻山地的7年生板栗幼树进行调查，根系已经在原80cm定植穴内返卷生长，花盆效应十分明显，刚进入结果初期，已经成为小老树。此时必须进行改土扩穴，为板栗生长创造良好的条件，保证树体在贫瘠土壤上正常生长发育。

一、山地拦水保土

多数栗树生长在半风化的片麻岩山地，土层薄，养分含量低。在自然生长的条件下，树势衰弱，产量低，抗逆性。

板栗的适应性极强是因为它的根系发达，在土层较厚的地方，根系分布可达2.6m。但大部分吸收根分布在40cm的土层内，土层浅的地方，根系分布少，一般主根多在1.2m左右分布，吸收根多分布在15～30cm之间。凡是根系分布深的栗树，枝叶茂盛，树体高大，产量高，品质优良，连续结果能力强；根系分布浅或生长在土层瘠薄山地的栗树，树体矮小，产量低，质量亦差。在栗产区有"埋根栗子露根梨"，"树下拉沟栗子不收"的说法，说明栗子根系外露后不能很好生长，而梨（相对栗子而言）则能生长。在生产实践中也充分体现了树下埋土树势旺的说法。在迁西县板栗主产区，开铁矿的山皮土埋到栗树的主干处（1～2m）。而这些栗树比其他干旱坡地的树体长势要好得多，可见栗树喜欢较厚的土壤条件。然而大多数山地栗园常因不注意树下水土保持工程，山地水蚀严重，导致树势衰弱，产量低而不稳。对此类树只要采取树下拦水或增加土层厚度等措施，就能恢复树势增加产量。例如，河北省板栗产区的迁西、遵化、迁安等县市，利用露天铁矿的山皮土堆埋树下和垒坝、修树坪、建拦水埂等一系列水土保持工程，根际土壤的含水量提高 1.6 倍，树势生长旺盛，抵御自然灾害的能力增强，产量增加 30%。

山区栗园土壤瘠薄的主要原因是水土流失严重，在没有牢固的水土保持工程时，再多的土壤几场暴雨即被淋失。因此要经常维修，坡度较大的栗园或零散的栗树，用石块在距树干 50～60cm 处的上方或下方建筑拦水埂，根据树冠大小和地形地势等具体情况，修建成外高内低，直径 1.5～2m 的半圆形蓄水池，雨季蓄积自然降雨，减少地表径流。在池的内侧留出溢水口，避免雨水过多冲毁土埂。

沙地土壤的有机质含量低，养分贫瘠，保肥保水能力差，尤其是近几年我国北方栗区的连续干旱，使得沙地栗树受到严重影响，客土掺沙可完全改变沙地土壤的物理结构和化学性能。近几年，华北地区遭到前所未有的严重干旱，在河北省迁安和滦县等，50～60 年生的沙地栗树常有旱死的现象。为了改变沙地的抗旱性能，2003 年，河北省农林科学院与迁安市政府在菜园镇王李庄村的 20hm^2 沙地板栗大树进行了客土压沙工程，该村距露天铁矿较近，利用铁矿的山皮土覆盖在沙地栗园，每公顷覆盖山皮土 75m^3，利用树下耕作，将山皮土与沙充分混合，当年的栗树叶片浓绿，枝条生长量达到 20cm，客土后第 3 年产量比客土前提高 6 倍，单粒重也由过去的 6g 增加到 8.3g，果品价格从过去的 4 元/kg 上升到 10 元/kg。

二、栗园改土扩穴

1. 深翻改土　多数板栗生长在半风化石质性片麻岩土壤，虽然板栗的适应性比其他果树要强，但要使树体生长旺盛，在单位面积内获取较高的经济效益，必须进行半风化土壤的改良。通过改良土壤，加快片麻岩的风化速度，增加土壤的通透性能，提高保肥保水能力和抵御自然灾害的能力。同时结合深翻改土、压绿肥和秸秆还田能起到清除树下杂草和提高土壤肥力的作用。

平缓坡地，土层较厚的栗园用畜力或机械实行全园深翻，按缓坡的水平方向用犁深翻 20cm，每隔 50～80cm 开沟并培垄，使栗树行间形成等高差较小的水平梯田，以便拦截水分，减少地表径流。

山区地形复杂不便犁耕的零散树，于树下采用局部深翻技术，有的地方称为刨树盘。就是在树冠稍大的范围内刨松树下土壤。我国北方栗园深翻主要在春季和秋季。春翻树盘要早，即在土壤解冻后刨树盘 10～15cm，以提高地温，促进根系活动；秋翻树盘在板栗采收后进行，此时根系生长旺盛，结合施用有机肥和氮素肥料，补充树体营养。无论是春季还是秋季深翻树盘，都要从树冠内向外，做到内浅外深，避免伤根过多。在刨树盘的同时修建水土保持工程，以免造成新的水土流失。

2. 扩穴　生长在山坡地的栗树，由于半风化土质坚硬，土壤结构不良，加之栽树时定植穴小，栽后 2～3 年幼树生长旺盛，随着树龄的增大，根系向外伸展困难，只能在定植穴内返卷生长，花盆效应十分明显。此时，地上枝条生长缓慢，形成小老树。1992 年在迁西县三屯营镇纪庄子村花岗片麻岩栗园调查，定植后 10 年生的板栗幼树，干径平均 8.9cm，枝条生长细弱，已经失去结果能力。扒开树下土壤，根系在原定植穴内犹如喜鹊巢，将根系舒展开后，有的长达 2.6m。在距树干 1m 左右机械打孔闷炮扩穴，根系很快外展，生长势和产量很快恢复。

（1）人工扩穴 在半风化片麻岩土壤上，沿定植穴外沿挖深60cm，宽30～40cm的沟，不要与原定植穴壁留隔墙，以便根系外展，挖沟时尽量不要伤害粗根。将挖出的底土和未风化的石块放在外面。把表土、有机肥、落叶、秸秆、杂草混合填入沟内。深翻扩穴可隔年进行，也可当年翻树体东西向，翌年翻树体南北向。随着树体增大，根系扩展直到全园翻完为止。深翻扩穴的时间最好在栗果采收后进行，翻后浇水，使土壤和根系紧密接触，避免土壤干燥漏风，根系抽干死亡。人工扩穴的最大弊端是工程进度慢，劳动强度大，扩穴年限长，穴扩到哪根系生长到哪。根系永远伸展不到扩穴以外的地方。因此，人工扩穴适应土质较好的栗园。

（2）爆破改土扩穴 山地底层半风化片麻岩栗园采用此方法，比人工扩穴工效提高2～3倍，投资节省1/4，效果好，见效快，保持年限长。方法是：用人工在树干两端1.5m处各打直径8～10cm，深80cm的圆孔，每孔装药0.25～0.35kg，装药后放入雷管，导火索与雷管相连，并伸出地面0.8～1m，然后填土压实，放炮扩穴。每孔引爆松土范围在1.5～2m，深1.0～1.2m，此方法比人工扩穴快。但孔径大，爆破时崩出的石块易砸伤枝条和损伤根系。

1992年昌黎果树研究所研制成功了机械打孔爆破扩穴机，每分钟打2个孔，每天可打直径5cm，深1m的爆破孔1 200个，每孔装药0.25kg，机械打孔爆破扩穴由于孔径小而深，药效发挥充分，爆破时崩土高度仅0.8m，既不伤根，又不伤害枝叶。而松土面积达到2.3cm^2，崩土高度1～1.5m，扩穴后的土壤孔隙度由3％增加到6.2％，土壤水分渗透速度由4.3％提高到13.6％，20～40cm的土壤含水量由6.95％提高到8.85％，栗树生长旺盛，叶片浓绿，扩穴3年总根量增加1.48倍，根系分布面积范围扩大2倍，产量提高2倍以上。无论是人工打孔爆破扩穴还是机械打孔爆破扩穴的时间以春季打孔，雨季到来之前爆破扩穴为好，或者爆破扩穴后马上浇水。秋冬季爆破改土，易造成土壤失水抽条。

三、果园生草栽培

果园生草是一种较为理想的土壤管理方法，19 世纪中叶始于美国，目前世界果品生产发达国家如新西兰、日本、意大利、法国等国都采用果树行内覆盖、行间生草管理制度，是现代果园土壤管理制度的一次重大变革，我国于 20 世纪 90 年代开始将果园生草制度作为绿色果品生产技术体系的重要环节在全国推广，取得了良好的生态效益和经济效益。我国北方板栗大多栽培在山地，多年喷洒化学除草剂造成土壤水土流失严重，土壤石漠化趋势加剧，果园生态系统中物种大量减少，系统功能越来越脆弱，果树病虫害防治成本越来越高，因此，在降雨较多或供水条件较好的地区大力推广果园生草制度是最可行的栽培措施。

1. 果园生草的好处

（1）保持水土、防止果园水肥流失　根据日本青森县对坡度 14°的果园连续 7 年调查，清耕园每年每亩水的流失量为 800kg，是带状生草果园的 1.97 倍，是全生草果园的 2.06 倍；清耕园每年每亩土的流失量为 5 028kg，是带状生草果园的 264.6 倍，是全生草果园的 295.8 倍；清耕园每年每亩氮元素的流失量为 20.24kg，是带状生草果园的 36.8 倍，是全生草果园的 32.6 倍；清耕园每年每亩磷元素的流失量为 7.93kg，是带状生草果园的 264.3 倍，是全生草果园的 264.3 倍；清耕园每年每亩钾元素的流失量为 14.79kg，是带状生草果园的 6.29 倍，是全生草果园的 6.9 倍；清耕园每年每亩钙元素的流失量为 81.54kg，是带状生草果园的 28.6 倍，是全生草果园的 28.1 倍；因此可以很客观地说，果园生草与施肥有异曲同工的作用。

（2）提高土壤肥力、改善果园土壤环境　辽宁果树研究研究所实验表明，在不施有机肥的情况下，果园生草能显著提高土壤肥力，促进土壤团粒结构的形成。一般高产果园，在1/3带状生草的情况下，土壤有机质消耗能够得到补偿，并有一定的积累；在1/2带状生草的情况下，连续生草3年，土壤有机质含量平均每年增加0.23％，连续生草5年，土壤有机质含量平均每年增加0.3％，生草效果好的果园，土壤有机质含量能够稳定维持在2％以上，完全满足生产优质果品的要求。一方面绿色植物残体为土壤微生物提供了食物来源，在土壤微生物作用下，植物残体被分解成可供果树利用的有机质和矿质元素，土壤中大量难溶性矿物质被活化，有机质含量和各种营养元素的可供给性随之增加；另一方面土壤微生物为蚯蚓提供了丰富的食物来源，通过蚯蚓的活动疏松土壤，改善土壤物理性状好，使土壤通气良好，保肥保水能力显著增强。

（3）促进果园生态平衡　果园生草使果园植被多样化，为天敌提供了丰富的食物和良好的栖息场所，克服了天敌与害虫在发生时间上的脱节现象，使昆虫种类的多样性、富集性和自控作用得到提高，在一定程度上也增加了果园生态系统对农药的耐受性，扩大了生态容量，果园生草后优势天敌如瓢虫、草蛉、食蚜蝇及肉食性螨类的数量明显增加，天敌发生量大，种群稳定，果园土壤及果园空间富含寄生菌，制约着害虫的蔓延，形成果园相对较为持久的生态系统，有利于果树病虫害的综合治理。

（4）优化果园小气候　由于绿色植物对土壤理化性的改良，土壤中的水、肥、气、热功能协调，土壤的温度昼夜变化或季节变化幅度减小，有利于果树的根系生长和对养分的吸收。雨季来临时，草能够吸收和蒸发过多的水分，缩减果树淹水时间，增加土壤排涝能力；高温干旱季节，生草区地表遮盖，显著降低土壤温度，减少地表水分蒸发，防止或减少水土流失，对土壤水分调节起到缓冲作用，并有利于减轻日灼病的发生。

（5）改善树体营养，提高果品品质　在果园生草栽培中，树体微系统与地表牧草微系统在物质循环、能量转化方面相互连接，有效提高树体营养水平，生草最初几年，果品产量可能差别不大，但是高质量生草五年以后，形成花芽量比清耕提高22.5%，果品产量比清耕提高30%以上，单果重和一级果率大幅度增加，可溶性固形物和维生素C含量明显提高，果实着色好，含糖量高，硬度及耐贮性也有明显改善。

（6）延长果树根系活动时间　果园生草在春天能够提高地温，根系比清耕园进入生长期提早15～30d，有效减轻早春果树抽条现象发生；在炎热的夏季降低地表温度，保证果树根系旺盛生长；进入晚秋后，增加土壤温度，延长根系活动1个月左右，对增加树体贮存养分，充实花芽有十分良好的作用；冬季草被覆盖在地表，可以减轻冻土层的厚度，提高地温，减轻和预防根系的冻害。

（7）减轻劳动强度、降低生产成本　果园生草和清耕相比，可以减少锄草用工60%左右，并大大减轻了劳动强度。另外，由于覆盖改善了土壤物理性状，提高了土壤肥力，增加了土壤有机质含量，可减少商品肥料和农家肥的施用量，并提高肥料的利用率，从而大幅度降低了果园生产成本。

（8）促进观光农业的发展　森林公园、生态庄园以及农家乐果园方兴未艾，通过果园生草技术的应用，可以极大地改善果园生态环境质量，提高生态游的品位，促进观光农业的发展。

2. 果园生草的方法　果园生草主要有全园生草、行间生草两种形式，在土层深厚、肥沃、水源方便的果园宜进行全园生草，密植园宜采用行内覆盖（或清耕）、行间生草的栽培模式。生草方法主要有人工种草和自然生草两种。人工种草投入较高，有条件的果园可以尝试，生产上主要以自然生草为主，果园行间自然生草，春季要注意拔除深根性高大杂草，到雨季通过杂草的相互竞争和连续刈割，自然会留下适合当地条件又不怕刈割的优势草种。

生草的种类应选用符合当地的自然环境条件、适应性强，抗旱耐瘠薄，干物质产量高，养分消耗少的品种，如草木樨、紫花苜蓿等。

平原沙地栗园行间种植紫花苜蓿。苜蓿为多年生豆科植物，根系发达，抗旱耐寒，适应性强，产草量高。播种时期为春季和夏季，雨季每亩播种量 0.75kg，春季干旱期每亩播种量为 1.0kg，播种后覆土 2～2.5cm。苜蓿苗期生长缓慢，出苗后及时中耕除草。苜蓿每年刈割 2～3 次，以开花 30%～50% 时收割最好，此时枝叶量大，营养丰富，即可地面覆盖，又可树下压施培肥地力，还是牲畜的饲料。苜蓿 3～4 年翻耕 1 次，以利生草更新。

在栗产区，苜蓿刈割 2～3 年，土壤有机质含量提高 0.15%～0.26%；特别是在金龟子、大灰象甲发生较严重的地区，利用苜蓿发芽早，金龟子、大灰象甲出土后在地面取食的特点，在金龟子出土期往苜蓿上喷洒菊酯类农药，把金龟子消灭在危害栗树叶芽之前。早春在苜蓿上喷洒 1 000 倍氯氰菊酯 2～3 次，2～3 年可把金龟子消灭 90% 以上。在河北省迁安市西甲河村 150hm² 板栗幼树园，每年金龟子和大灰象甲将叶芽食光 1～2 次。2001 年发动全村劳力和学生捕捉金龟子成虫，一次捕杀金龟子成虫 250kg，但仍未彻底解决问题。2002 年在树下种植紫花苜蓿，金龟子成虫出土期在苗上喷洒高效低毒农药 3 次，防治效果达到 90%。2005 年春季栗园内基本未见到金龟子成虫。

在栗园内间作绿肥植物，应注意秋季大绿浮尘子的危害。多数栗园只注意春季防治金龟子而忽略秋季大绿浮尘子，造成新栽幼树死亡，结果树的母枝大量干枯。秋季浮尘子产卵前，在苜蓿和板栗枝叶上喷布 2 次 1 000～1 500 倍毒死蜱，防治效果可达到 95%。

山地栗园生草 我国北方水土流失严重，在围山转坡埂种植紫穗槐、草木樨等宿根类灌木，既可防止水土流失，又可作为绿色肥源。

紫穗槐属多年生落叶灌木，根系发达，春季播种，当年苗高可达到80cm，第2年夏季即可刈割压肥。紫穗槐抗旱耐瘠薄，根部有大量根瘤，自身有明显的固氮和改良土壤的作用，枝叶含氮量1.23％。它不仅是山区有机肥的重要来源，而且又是水土保持、编织、饲料、燃料等不可多得的首选植物。在多年的实践中体会到，无论是围山转坡埂还是栗园边缘的紫穗槐，每年必须刈割2～3次，控制其自由发展，否则，影响板栗生长。用其枝条搞编织的地方每年夏季也必须刈割1次。

草木樨属豆科植物，抗旱抗寒耐瘠薄，根系发达，生长快，覆盖率高，适应性强。枝、茎、叶刈割后均可覆盖树盘，压施树下。草木樨春、夏、秋季均可播种，以清明前和秋末播种为好。播种前将种子碾至黑壳脱粒，然后播种，每亩播种量2kg。播种当年7～8月刈割，割时留茬10～15cm，以便保护茎芽，下茬生长更快。

3. 果园生草应当注意的问题

（1）争水　草种在旺长季节对土壤表层水的消耗量是很大的，实行果园生草，一般要求生长季节降雨量达到500mm以上（或者有良好的灌溉条件），最好达到800mm以上。

（2）争肥　草种在旺长季节对土壤表层养分的消耗量也很大，特别是对氮肥的争夺最为突出。在开始生草的2、3年，春季氮肥施用量应当比清耕园增加30％～50％。

（3）根系上翻　多年生草后，表层土壤常因草根分蘖密挤造成板结、透气性降低使果树根系上翻，冬春季节易遭受冻、旱危害。因此，生草5～7年后应及时翻耕，清耕1～2年再重新生草。

第二节　施　　肥

板栗是多年生植物，土壤养分亏损明显，尤其是土壤瘠薄的丘陵山地和河滩沙地，施肥对增加产量和提高果品质量更为明显。正确的施肥不仅能促进树体健壮，保持持续增产年限，提高果实重量，提高栗果品质，而且在高产（大年）年份仍能持续稳产。

板栗长期生长在同一地点，每年生长结果都要从土壤中吸收大量营养元素，要使板栗连年高产稳产，就必须对土壤不断进行补充，特别是集约化经营、管理水平较高、栗树负载量连年较大的栗园，更需加强肥水管理，尤其是有机肥的施用。据试验，施肥的栗树比对照增产23.5%，大小年产量差距由23.45%下降到6.08%，连续多年施肥的栗树比不施肥增产1～2倍。

一、板栗的需肥规律及施肥种类

板栗在生长发育的周期中需要多种元素，其中氮、磷、钾3种元素是主要的成分，其次是钙、硼、锰、锌。

1. 氮素 氮是板栗生长和结果的重要营养成分，板栗的枝条中含氮0.6%，叶片中2.3%，根中0.6%，雄花中2.16%、果实中0.6%。氮肥对栗树的营养生长非常明显，氮充足时枝条生长量大，叶片肥厚，叶片浓绿，缺氮时光合作用受阻，新梢生长减弱，叶片小而薄，色泽暗淡，树势衰弱，栗果小，产量低，果品质量差。氮素的吸收从早春根系活动开始，随着发芽、展叶、开花、果实膨大，吸收量逐渐增加，一直持续到果实采收，然后下降，到休眠期停止生长。因而春季适量施氮，有利促进树体和果实的生长发育。然而氮肥过量会引起枝条旺长，成熟度低，影响翌年产量。同时还会引起栗园的过早郁闭，缩短密植栗园的高产稳产年限。在生产中判断树体氮肥的多少，一是看叶片的大小、厚薄和颜色的深浅，最主要是看尾枝的长短，尾枝过长氮肥过多，一般尾枝3～6个饱满芽比较适中。

2. 磷素 正常板栗的枝、叶、根、花和果实中的磷含量分别为0.2%、0.5%、0.4%、0.51%和0.5%左右，比氮素的含量要少，但在板栗的生命周期中起着重要作用。缺磷时碳素的同化作用受到抑制，延迟展叶、开花，叶片小而脆，花芽分化不良，栗树抗逆性降低。在缺磷的栗园施用速效磷肥增产效果明显。

3. 钾素 钾是植物体内代谢过程中不可缺少的元素之一。钾能促进叶片的同化作用，还可促进氮的吸收，适量的钾可促进细胞的分裂和增大，促进枝条的加粗生长和机械组织的形成。钾肥不足时枝条细弱，老叶边缘有焦边现象，产量和栗果质量明显降低。施用适量的钾肥，栗果的质量明显提高。

4. 有机肥 目前生产上常用的有机肥有圈肥（猪、羊、畜、禽粪便）、人粪尿、堆肥、绿肥以及饼肥等。这些肥料不仅有机质含量丰富，而且含有氮、磷、钾及多种微量元素，肥效长，效果显著。长期施用有机肥，不仅可以提高地力，而且可以改善土壤结构，尤其适应山薄地和贫瘠的河滩沙地。

随着家禽家畜等养殖业的迅猛发展，有机肥的生产趋于集约化，施用各种养殖场的有机肥，一定要进行发酵和无公害化处理。避免直接施用未经处理的各种畜禽粪便，造成新的环境污染和病虫害的发生。近年来，有的地方由于大量施用未经发酵和熟化处理的畜禽粪便，使地下害虫蛴螬、地上金龟子大量发生。给板栗产区带来新的污染和病虫害的再度猖獗。

5. 其他微量元素的补充 随着产量的提高和大量元素的不断施入，有些微量缺乏症表现出来，2002 年山海关一片栗园，9月 3 日采收栗果时发现 72％的栗仁出现霉烂。迁西县海达板栗加工厂冷库贮藏的 400 多 t 板栗，其中有 6t 烂果率达到 30％以上。于是我们对多种微量元素进行了化验分析，结果发现，缺钙是导致烂果的直接原因，在同等冷贮条件下，正常板栗的含钙量 102.5mg/100g，而烂果的含钙量仅有 51.2mg/100g，中国科学院武汉植物所张忠慧教授研究表明，褐变腐烂多的栗仁含钙量仅 0.1％，且变褐较重的果园土壤含钙量常低于 1 200mg/kg，而高于 3 500mg/kg 的栗园很少有变褐现象。说明栗园土壤含钙量低于1 200mg/kg，栗果含钙量低于0.01%，是导致栗仁变褐的直接原因。

张立田教授等在罗田县周家嘴栗园试验表明，树下施石灰40g/m²，其栗仁变褐腐烂率3.54%，施石灰80g/m²，栗仁褐变腐烂率1.74%，施石灰160g/m²，栗仁褐变腐烂率为0.79%，说明钙对栗仁褐变有直接影响。北方土壤一般不易缺钙，但土壤溶液中的铵离子、钾离子、钠离子、镁离子等能与钙起拮抗作用，从而抑制栗树对钙离子的吸收。土壤补钙要针对其特点进行不同钙素的补充，沙质土壤宜施钙镁磷肥、过磷酸钙、氨基酸钙、腐殖酸钙和生物钙肥等；土壤中铵、钾离子过高以及氮、钙比过高（N∶Ca＝10∶1）时，均能抑制钙的吸收。因此应适当控制氮肥、钾肥的施用量。科学施肥，避免出现氮、钾过高现象。另外过于干旱，雨量过多，湿度过大，均不利于钙的吸收。在中性偏酸的栗园中，以施腐殖酸钙和生物钙肥为主，尽量少施石灰，以免改变土壤理化性状。

二、板栗的施肥时期

板栗在不同的时期吸收的元素种类、数量不同。氮素的吸收从果实采收前一直呈上升趋势，采收后急剧下降。在整个生长过程中，以新梢快速生长期和果实膨大期吸收量最多；磷的吸收开花前较少，开花后到采收期吸收最多；钾的吸收开花前很少，开花后迅速增加，从果实膨大期到采收吸收最多。在施肥时，一定在树体需肥前的10～15d进行，以满足树体在不同时期对各种营养元素的需求。

1. 秋施基肥 栗果采收后，树体内养分亏乏，此时施入有机肥，有利根系的吸收和有机质的分解，在施入有机肥时，加入适量的磷肥和硼肥；对于增加雌花分化，减少空蓬有明显的效果。成龄树株施50～100kg，幼树20kg，一般每生产1kg栗果，施用有机肥20kg左右、硼肥5g。在生产中应根据土壤的肥沃程度和养分含量的多少酌情增减。

2. 夏压绿肥　山地栗园施有机肥运输困难，利用山顶、围山转坡埂的荆棵或杂草刈割压施，是就地取材的好肥源，也是解决山地交通不便、运输有机肥困难的有效方法。通过压施绿肥增加土壤有机质，改善片麻岩土壤物理结构和化学性能。

3. 追施膨果增重肥　7～8月份板栗幼蓬生长迅速，无论氮、磷、钾肥的需求量均大，此时每亩追施板栗专用肥50～100kg，有利于蓬苞膨大，增加果粒重。

三、施肥方法

施肥方法直接关系到肥料的利用率和吸收效果，一般情况下将肥料施用在根系集中分布区。板栗的根系水平分布超出树冠外围，因此施肥不要靠近树干。近树冠处运输根（粗根）多，吸收根（毛细根）少，从根系的垂直分布看，吸收根多分布在30～40cm土层中，所以，施肥尤其是施用有机肥的最佳深度在40cm左右。在土层为20cm以下为半风化的土壤，应结合改土加深施肥深度，以便提高根系的吸收面积、增加板栗的抗旱性能。

1. 沟状施肥法　幼树可在原定植穴的左右边缘挖深40cm、宽40～50cm，长度视树冠大小而定的施肥沟，将表土和有机肥混合施入沟内，底土在上。施肥改土同时进行。翌年在树体前后或上下（山地）挖沟施肥，逐年交替改土施肥。

2. 环状施肥法　环状施肥法和沟状施肥法相似，其目的亦是改土施肥同时进行，只是环状施肥当年施左边，翌年施右侧。该方法更适宜土壤瘠薄的山地。

3. 放射沟施法　以树干为中心，向外挖4～6条宽40～50cm，长至树冠外围的内浅外深的施肥沟，将腐熟的有机肥等肥料施入沟内。在压绿肥或秸秆时，可在其上到入腐熟的人粪尿或沼气废液，加快腐烂速度。

4. 穴施法　主要用于追肥，即在树冠范围内挖4～6个深

15～20cm 的施肥穴，结果大树可挖 8～10 个，将肥料施入穴内。一般氮肥易淋溶，可适当浅些，磷肥分解较慢应深施。

5. 撒施法 撒施适用于已经腐熟好的有机肥，即将肥料均匀撒在树冠下，结合间种农作物，将肥料翻于土壤内。该方法施肥均匀，有利于根系的吸收，但施肥较浅，长期施用，易使根系上移，降低抗旱性能，应与前述施肥方法交替进行。

6. 叶面喷肥 叶面喷肥直接喷洒在叶片或嫩枝表皮上，可直接被树体吸收利用，避免某些元素在土壤中淋失和固定，肥效高，用量少，发挥作用快，可满足各阶段树体养分的急需，预防多种元素的缺乏症。

叶面喷肥的时期以展叶后至落叶前均可进行，根据树体不同时期对各种养分的需求，以展叶期、果实膨大期和落叶前喷布为好。展叶期亦是雌花分化期，叶面喷布磷酸二氢钾和硼酸，可有效提高雌花分化，减少空蓬率；7～8 月喷布尿素，加快蓬苞和栗果的生长发育速度；秋后喷磷钾肥，补充树体养分亏损，增加叶片光合效能。叶面喷肥一般和喷药同时进行，喷布浓度根据肥料的种类和有效含量而有所差异。磷酸胺、磷酸二氢钾、过磷酸钙喷布浓度为 0.1%～0.3%，尿素为 0.2%～0.4%，废沼气液为 10%～15%的澄清液。在所有的叶面肥中，以沼气液效果最好。同一品种喷过 3～4 次沼液的栗树叶片浓绿，枝条粗壮，基本没有红蜘蛛危害。单果重达到 8.8g，比喷磷酸二氢钾单果重增加 7.7%，比不喷增加 15.3%。花期喷 2 次 0.2%～0.3%的硼酸，可减少空蓬率 30%～67%。

板栗结果过多时，树体内养分缺亏，展叶后喷 0.25%尿素＋0.2%的磷酸二氢钾，果粒重增重 15.7%。

第三节　水分管理

板栗属喜水植物，在栗产区有旱枣涝栗的谚语，说明板栗喜水。而板栗又生长在保肥保水能力差的片麻岩砾质土上，春季干旱年份，既抑制新梢生长，影响来年产量；又阻碍当年雌花分化，影响当年产量；秋季干旱可使板栗减产 40%～60%，因此，水分对板栗尤为重要。

一、蓄水保墒

水分管理是在了解栗树需水特点、掌握其水分利用规律的基础上，最大限度利用自然降水，保持土壤水分，减少地表蒸发；干旱缺水时及时灌溉；水分过剩时及时排水，满足板栗在生长周期不同阶段对水分的需要。河北省是严重缺水的省份，干旱季节，山区人畜饮水极为困难，山地板栗浇水更是难上加难。但板栗的根系发达，抗旱能力强，需水量比水果树要低。利用围山转、鱼鳞坑、塘坝、集水窖等蓄积地表径流；利用秸秆覆盖、树盘覆草、生草栽培、压施绿肥等改善土壤的物理结构，增加土壤的保肥保水性能，减少地表蒸发，是干旱瘠薄山地板栗增产的重要途径。

（一）板栗需水特点

4～6 月份，树体从休眠状态转入生长，根系开始活动。随之展叶、开花结果，新梢生长及器官建造都需要充足的水分供给，而前期降雨量少，空气湿度小，树体蒸腾量大，水分消耗多。此时过度干旱，新梢生长量短，雌花量少，不但影响当年产量，亦影响翌年产量。7 月下旬至 9 月上旬，是板栗果实发育的高峰期，也是板栗需水的高峰期。而此时正值北方全年雨量集中期，一般年份均可满足板栗生长发育的需要。雨量充足板栗增产明显。但在严重干旱少雨的年份，可减产 40%～60%。后期营养生长和生殖生长基本停止，昼夜温差大，蒸发量减少，叶片光合效率高，有机养分积累多，一般情况下基本满足生长需要。华北地区年降雨量为 550～800mm，雨量分布为冬季（11 月至翌年 2 月）占 5%～8%，3 月至 6 月中旬占 10%～20%，6 月中旬至 8 月占 60％～80％，9～10 月占 5％～12％。降雨集中在 6～8月，利用率低，经常出现春旱和秋旱现象。

水分是有机物质合成的原料和运输媒介，并直接参与树体的光合作用，其光合产物通过水溶液运送到各个部位，供不同器官的生长发育。水是板栗进行蒸腾作用调节树体温度的必须物质，栗树所吸收的水分 96％以上随蒸腾作用所消耗，通过蒸腾散失水分调节树体温度和对大气的适应。水分是各种无机营养被树体吸收的重要载体，土壤中的无机营养只有成为水溶状态根系才能吸收，并随水分运送到叶片中进行光合作用参与各器官的建造。

缺水时，严重影响树体生长甚至导致死亡。春季缺水时，不但当年枝条生长量小，雌花少，产量低，而且影响翌年的产量（因为母枝生长量小，第 2 年很难抽生果枝）。1997—1998 年华北地区两年连续严重干旱，北京、河北的板栗减产 40％以上，一级果率仅为 56％。河北兴隆县的冷嘴头村，被旱死几十年生的板栗大树上千株。

水分过量时影响栗树的生长，虽然在板栗产区有旱枣涝栗之说，是因为栗树多生长在山区片麻岩砾质土壤，保肥保水能力差，渗水速度快，一般情况下很少对树体造成影响。但长时间降雨会使树体光照不良，果实糖分含量降低，水分含量增高，果个虽然增大，但糯性和耐贮性降低。在土壤黏重或排水不良的栗园过量降雨，导致土壤缺氧，根系呼吸受阻而生长受到抑制，严重时造成叶片发黄脱落，以至树体死亡，此类地区要注意雨季排水。

（二）保墒

保墒是充分利用自然降雨保持利用土壤水分、提高水分利用率的一个重要方面，特别是干旱少雨，距水源条件较远的栗园，保墒蓄水是保持树体正常生长结果的主要措施。保墒即耕作保墒和覆盖保墒；蓄水则是利用围山转工程、鱼鳞坑、塘坝、地下水窖蓄积降雨和积雪。

1. 耕作保墒　主要措施是对树盘的深耕和中耕，如早春刨树盘，提高土壤温度，改善通气状况，促进根系活动，增强吸收能力，使土壤深层上移水分被根系利用，而减少表面蒸发；夏季中耕除草，除减少杂草与树体争夺水分外，同时切断土壤毛细管，避免水分蒸发。冬季翻树盘有利于片麻岩半风化土壤的熟化和积雪保墒。

2. 覆盖保墒　包括春季覆盖和夏季覆盖，春季覆盖主要是麦秸、玉米秸、稻壳等，在其上适当覆土，防止春季水分蒸发；夏季刈割山顶、围山转绿坡埂的荆条和杂草和栗树株行间的绿肥，覆盖在树盘下，防止地表裸露，减少水蚀和地表径流，同时随着有机物的腐烂，促进土壤有机质的增加和团粒结构的形成，使土壤的保墒能力增强。

二、灌水

山区水源缺乏，水利工程设施条件差，尤其是生产责任制以后，许多水利设施未能发挥应有的作用。随着各级领导对三农的高度重视，山区水利设施和水利工程正在进一步恢复和完善，而且技术更加先进。水资源的利用率进一步提高。

（一）灌水方法

1. 滴灌　滴灌是靠塑料管道输水，用机压或高处水源自压，将水送到田间，并用滴管将水缓慢浸润到土壤根系分布层。此方法比地面灌溉具有省水、省工、节能、灌溉效果好和适应山区水源、地形变化大以及防止渠道渗漏和土壤表面蒸发的特点。昌黎果树研究所 1982—1983 年在遵化市达志沟进行滴灌试验，土壤相对含水量分别达到 56.96％ 和 63.41％，而对照只有 32.41％ 和 48.44％。亩产达到 504.03kg 和 447.35kg。比对照分别增产 91.715％ 和 95.32％。

2. 小管出流灌溉　它主要是针对微灌系统在使用过程中，灌水器易被堵塞的难题和我国农业生产管理水平不高的现实，而采用超大流道，以 φ4PE 塑料小管代替滴头，并辅以田间渗水沟，形成一套以小管出流灌溉为主体的符合实际要求的微灌系统。小管出流灌溉系统具有的特点：堵塞问题小，水质净化处理简单。小管灌水器的流道直径比滴灌灌水器的流道或孔口的直径大得多，而且采用大流量出流，解决了滴灌系统灌水器易于堵塞的难题；板栗施肥时，可将化肥液注入管道内随灌溉水进入作物根区土壤中，也可把肥料均匀地撒于渗沟内溶解，随水进入土壤；省水。小管出流灌溉是一种局部灌溉技术，只湿润渗水沟两侧果树根系活动层的部分土壤，水的利用率高，而且是管网输水，没有渗漏损失；适应性强，对各种地形、土壤等均可适用；操作简单，管理方便。

3. 喷灌 是将水经过加压喷射到空中，形成细小水滴，洒落到地面的一种灌水方法，按喷洒特征可分为固定式、半固定式或移动式喷灌。

喷灌技术与传统的地面灌溉方法相比，它具有节水（一般30%～50%）、增产（10%～30%）、保肥等优点。但喷灌在山地栗园施用蒸发量大，移动不方便。

4. 渠灌 由于山地距水源远，渠道渗水和表面水分蒸发严重，大量的水被白白浪费，由于山区水源缺乏，此方法栗园很少使用。

5. 管道输水灌溉 用 1.5cm 的硬塑管将水直接压树盘内灌溉。此方法投资小，移动方便，尤其是在树下覆盖的栗园效果更佳，是目前山地栗园灌溉的主要方法。

6. 穴灌 在树盘内外，挖 8～12 个直径 30cm 的穴，穴深达40cm 左右，将玉米秸秆绑成直径 25cm，高 35cm 的捆，用水浸透埋在树盘下的穴内覆土，并低于地面 10cm，以便干旱使随时补充水分，干旱季节秸秆内的水分慢慢浸润土壤，达到节水抗旱之目的。

（二）灌溉时期

山区水源缺乏，灌溉困难，为了提高水分利用率，根据板栗年周期的生长发育及需水特点，河北省农林科学院昌黎果树研究所经过多年的试验，提出了一年二水的灌溉技术，既能满足板栗生长发育的需要，又能控冠节水。

1. 春浇促梢增花水　春季板栗新梢生长较快，过度干旱可导致新梢停滞生长，影响当年的雌花分化。由于结果树新梢一年只生长一次。因此，春季干旱新梢生长量小，亦影响翌年的产量。干旱年份早春浇水有利于新梢生长和雌花分化，新梢生长量大，增加当年产量明显，而且对来年雌花分化有一定效果。一般情况下，板栗春季不用浇水。春季水分过大，新梢生长过长，营养生长大于生殖生长，内膛光秃带加大，密植园郁闭早，不能发挥板栗的最大增产效益。一般板栗品种最佳的结果枝长度为15～25cm，过长和过短都会影响经济效益的发挥。

2. 秋浇膨果增重水　秋季干旱时，及时补充土壤水分，有利于增加栗果重量，提高当年产量和板栗质量。板栗从开花（6月中）授粉受精到胚胎形成需要一个很长的时间，8月上旬胚乳完全被吸收，胚胎仅0.1g重。早熟品种8月30日已经成熟，坚果从胚胎形成到果实成熟仅仅30d。在此期间，前期生长发育很慢。后期尤其是采前的1～2周是栗果生长的高峰期。此期如果缺水，对板栗产量造成严重影响。

第八章 板栗低产园改造及幼树早期高产技术

20世纪90年代初期，板栗市场连续几年出现供不应求的局面，群众发展和管理板栗的积极性空前高涨，南方栗区的等高撩壕，北方的围山转工程，万炮齐轰太行山开发小流域综合治理的宏伟场面，使我国板栗面积大幅度提高。以河北为例，1994年板栗面积97 967hm²，2003年达到160 024hm²，9年间板栗面积增长63%，平均每年增长6 895hm²。然而，由于技术管理等方面的原因，单位面积产量低，总产量增长缓慢。

我国板栗产区的高产典型数不胜数，山东莒南县的密植板栗，10年平均亩产达到506kg。最高年份亩产达到806kg；河北迁西在干旱无水的片麻岩山地，嫁接第2年亩产达到200kg。目前我国板栗亩产仅为42kg。中低产园约占50%，加强低产园改造，普及科技成果，推广现代化管理技术，是板栗生产的关键环节。

第一节 树势衰弱的低产园

树势生长衰弱，园容残缺不全的栗园，生产上大量存在。一般干旱山区栗园大部分属于此类，由于株间差异较大，产量低而不稳。

一、形成原因

栽植技术不当、造成缺株少苗 栽后地下土壤管理不到位，根系生长困难；求产心切，嫁接时间过早；品种选择不利，接后产量低而不稳等几个方面。

1. 栽植技术不当 片麻岩山地多为砾质褐土，保肥保水能力差，山区水源条件缺乏，浇水不足，又没有补水条件，而北方山区十年有九年干旱，新栽板栗再生新根较慢。通常栽植方法是把树苗栽在定植穴内埋土浇水，水渗下后将树盘用土堆成高于地面 $20\sim30cm$ 的土堆，然后踏实防止水分蒸发。这种方法对于土壤保水条件好，干旱时能及时浇水，易生根的树种无可挑剔。但板栗不行，2004 年燕山地区从春季栽树后一直滴雨未下，直到 6 月 4 日下第一场小雨，结果栽植的板栗成活率很低。此类情况在华北山区十有八九。1997 年对太行山区邢台、灵寿、内丘等地的新栽板栗调查，成活率仅在 $46\%\sim67\%$，有的连续补栽 $2\sim3$ 年，仍是残缺不全。在大面积的围山转中，连续 3 株成活的树都很少。

2. 求产心切、嫁接不当 板栗幼树生长缓慢，尤其是在肥水条件较差的山地，生长量更小。据调查，在干旱山地播种的一年生幼苗，一般生长量在 $10\sim40cm$；而新栽植的实生幼树，新梢生长量较大的在 10cm 左右，一般在 $2\sim5cm$。这种树刚刚成活，根系很少，抵抗自然灾害的能力很弱。但群众急于收到经济效益，当年栽树，不管树势长相如何，第 2 年嫁接。砧木细就把嫁接部位（拦头插皮接）压得很低。由于接穗、技术等原因，成活率很低，砧木不能抽生新梢而被憋死。千辛万苦栽活的栗树，由于过早嫁接，造成栗园缺株。1997 年内丘摩天岭村嫁接的 500 亩一年生幼树，砧木憋死率 27%。

3. 营养面积小 20 世纪 80 年代发展的板栗，多数是人工挖定植穴，穴长、宽、深各 80cm，由于花岗岩土壤硬度大，根系向外伸展困难，定植后 $2\sim3$ 年即可伸展到定植穴的边缘，随即在定植穴内返卷生长，嫁接 $2\sim3$ 年内，生长结果正常，随着树冠的增大，根系不能满足树上枝叶生长需要，出现细弱枝和鸡爪码，形成小老树，最后完全失去结果能力。

4. 品种选择不利　板栗多为实生栽培，70 年代通过板栗嫁接技术，推广优良品种，使产量、果品质量大幅度提高；结果时间从过去的 10 年以上，缩短到 2～3 年，比过去提早 7～8 年。板栗新品种和嫁接技术被广大栗农所认识。但在板栗新区，有些群众认为只要嫁接就能早结果、早丰产，便在实生树上随便采集接穗，不但未能起到高产优质的目的，反而浪费了大量人力物力，使一心想尽快致富的积极性受挫，放弃管理。

二、改造技术要点

对树势衰弱、树体大小不整齐的栗园，改造的要点是改良土壤，增施肥水，复壮树势，加强病虫害防治，促进树势，提高产量。

1. 深翻栗园，改良土壤　土质为黏土的栗园，在当年采收后至初冬前进行改土，幼树从原定植穴外东西两边挖深、宽各 50cm，长度与树冠相等的改土沟，每个沟内填沙 30～50kg，填施前与挖出的黏土充分混合，同时施入 20～50kg 有机肥或秸秆，翌年在树冠的南北挖沟换土；每隔一年轮换一次，直至把全园土壤全部挖通改良为止；沙地栗园养分更为贫乏，而且保肥保水能力差，改良方法与黏土栗园相同，所不同的是黏土掺的是沙，而沙地要掺拌黏土；在有条件的地方，可以客土压沙，此方法改土效果好，树势恢复快。2003 年河北省迁安市王李庄村 300 亩 80 年生沙地衰弱低产栗园，利用附近开铁矿的山皮土进行了沙地栗园土壤改良，每株树冠下（7m×8m）均匀铺垫山皮土 4m^3，铺后用犁翻耕 2 遍，使沙、土充分混合，大大提高了沙地抗旱保水性能。2003 年在春季严重干旱，未改土栗树多数落叶，有的旱死，完全丧失结果能力。但改土栗树枝叶茂盛，单粒重平均达到 7.8g（均为一级果），未改土栗园的单果重只有 5.6g。产量比改土前提高 3.2 倍；先栽树，后改土，人工挖坑发展的石质性花岗片麻岩栗园，根际四周土壤硬度大，根系伸展困难。此类栗园人工改土劳动强度大、速度慢、费用高、持续时间短、效果差。机械打孔闷炮扩穴省工省力、速度快、松土面积大、持续时间长、效果好。幼树在树干左右 1.5～2m 处打直径 0.8cm，深 1m 的爆破孔，每孔装药 0.25kg 并与雷管、导火索相连，用黏土将爆破孔填满扎实，然后点燃导火索闷炮扩穴。由于爆破孔径小，药效发挥充分，一般情况下松土深度在 1.2m，松土面积 2.3～2.5m²，第 2 年根据地势和土壤状况，在其他方位再度扩穴。第 2 轮扩穴，根据树势生长状况而定，树势一旦转弱，即在原扩穴外缘进行新的一轮改土扩穴。闷炮改土扩穴后的栗园，在施肥时可及时进行改土。稀植大树在树冠下每隔 3～4m 打 1 爆破孔，每株树下打孔 3～4 个，每孔装药 0.2kg。由于在树下扩穴松土，药量一定要少，爆破孔更要砸实，避免爆破时损坏树根和崩土过高砸伤叶片和枝条。

2. 合理施肥，科学管理 板栗多生长在土壤瘠薄的山地，土壤有机质含量低，我国北方栗区的土壤有机质多数在 0.2%～0.4%，闷炮扩穴后的土壤结构发生了显著变化，给板栗根系创造了良好的生长条件。但土壤养分缺乏，仍是抑制板栗高产的主要因素，必须合理施肥，科学管理，才能达到高产优质的目的。有机肥包括人畜禽粪尿、饼肥、植物叶茎沤制的堆肥、绿肥等，有机肥肥效缓慢，肥效期长，含营养元素全面，可以改良土壤结构和理化性状，增加保水保肥能力。有机肥主要用作基肥，充分腐熟后也可用作追肥。

基肥施用的时间 一般在秋季果实采收后及时施入。由于果树开花、果实生长发育、新梢生长、花芽分化已消耗了大量养分，需尽快恢复树势和积累养分。此时，气温高，微生物分解活动和根系吸收能力较强，有利于养分的吸收与利用。

基肥施用量 根据树龄、树势、产量、肥料种类而定。板栗基肥中的营养量要占果树全年总需营养量的 70% 左右。要使板栗连年高产稳产和持续增产，盛果期板栗亩施基肥 4 000～6 000kg，要达到50kg栗果双千斤肥。施用有机肥要适当配合氮、磷、钾复合肥，有机肥中的氮素当年利用率约20%～30%，磷素利用率约25%～40%，钾素利用率约60%～70%。在有机肥中混以尿素、磷酸二铵、过磷酸钙等，可以起到长（效）短（效）互补作用。

施用的有机肥要经过腐熟，以杀灭其中的病虫源、草籽，如果将未经腐熟的有机肥直接施入土中，有机物发酵分解时，释放出的热量会灼伤根部。分解释放的有害物质如硫化氢、甲烷等会毒害根系，造成对土壤环境的二次污染。

施用部位在树冠垂直投影外缘，深度在20～40cm的吸收根分布区内。不少果农施肥部位距树干过近，不仅伤害大根，而且造成肥料的浪费。施肥最好采用放射状施肥法，以减少伤根。在生产中，由于栗园大多分布在交通不便的山区，运送有机肥困难，利用山区陡坡和围山转坡埂的荆条、杂草，夏季刈割施于树下或覆盖树盘内，即增加土壤有机质，又可防止土壤水分蒸发，达到增肥保水的作用。

3. 集中养分，复壮树势 衰弱树最大的特点是树上树下的营养比例失调，及时对各类枝进行轮替更新修剪，可保持栗树长势及老弱枝复壮。但对于多年放任生长管理不当的衰弱树，因树体过于高大，交叉，内膛空虚，外围鸡爪码过多，要采取更新修剪，回缩大枝，去除枯死枝，更新回缩骨干枝，使冠径缩小20%～25%，树冠高度降低0.5m左右。翌年从剪口隐芽萌发的新梢中，选留中庸枝培养枝组，第2年即可结果。更新的标准以树龄大小、树势的衰弱程度和树下的土壤状况而定。树龄较小，长势虽然衰弱，但鸡爪码较少，土壤条件较好的栗园，可以进行小更新。即疏除过密枝、重叠枝，外围枝组从2～3年生枝处回缩，减少生长点，集中养分。树龄较大，树势极度衰弱，土壤瘠薄的栗园，要进行重更新。所谓重，也不像过去那种从直径15cm以上的主侧枝处更新，而是清理完无用大枝外，余下的主侧枝从先端 3～6 年生枝干处更新。更新过重，营养过于集中，枝干先端枝条生长量极大，有的直径达到 2～3cm，一年后很快转弱；更新过轻，枝条生长过短或不能抽生枝条。只有更新适度，养分分布均匀，枝条才能在主侧枝上下均匀分部。更新适度，没有旺长枝，当年即可结果。更新回缩后要注意保护截面伤口，防止染病，并于更新前加强土肥水管理及病虫防治。

4. 防治病虫害　更新后的栗园要注意病虫害的防治，尤其要对木撩尺蠖、舟形毛虫、舞毒蛾等大型鳞翅目暴食性幼虫，一定要治早治小，避免再度受到食光之灾。红蜘蛛亦是防治的关键，更新后的栗树要先刮掉老树皮，集中深埋，消灭越冬卵和各种病菌，展叶后喷 1 000 倍螨死净。

第二节　适龄不结果低产园改造

适龄不结果低产园多在板栗新区或技术水平低下的区域，树龄 8～15 年，病虫（栗瘤蜂）严重，树势衰弱，产量低，效益差。

一、形成原因

板栗实生树最早可在定植后 2～3 年结果，晚的可达 10～12 年。但初果期 7～8 年内产量很低，一般为正常结果树产量的 20%～50%，而且产量相差悬殊。在实生结果大树的调查中，低产树和高产树的比例约占 30%～40%，多数是中低产树，在相同管理水平下，与优良品种产量相差 30%～50%。可有的群众见已经结果就舍不得再嫁接，其实嫁接后产量要提高很多。1997年兴隆县冷嘴头村对株产 5kg（树冠投影面积不足 0.1kg）的 20年生实生大树优种高接，全树嫁接接穗 50 支，当年产量达到 8kg，第 2 年 40kg，3 年 64kg，比嫁接前产量提高 11.8 倍。一般的适龄不结果低产园，嫁接后产量增长 8～10 倍。

二、改造方法

1. 选用优良品种　选择经过省级以上技术部门的鉴定，抗旱、抗寒、抗逆以及高产优质，满足市场需求和适应栗农生产栽培的优良品种。

接穗采集、保存与高接　接穗采集，华北地区 3 月 20 日前后，从生长健壮、抗病虫的优种树上采集接穗，将接穗剪截成 15cm 长，取工业用蜡进行加热融化，当蜡液温度在 80～85℃ 时，对接穗进行腊封处理，蘸腊的时间越短越好。石蜡的温度始终保持在 80～85℃，温度过高烫伤接穗芽体，过低，溶腊在接穗表面过厚，易出现裂痕脱落。将腊封的接穗 100 支一捆，做好表记，装在塑料袋内，每袋装 3 000～4 000 支，扎严袋口，放在地下窖内，温度保持在 5～6℃，随时备用。大树高接部位较高，春季风大，接穗易失水。腊封接穗可有效保持接穗水分，提高成活率。嫁接时间在 4 月中下旬栗树发芽前。展叶后嫁接的新梢生长衰弱，结果晚。

2. 高接　锯除过多的辅养枝和无效枝，整出砧木树形，从主侧枝的前端 3～4 年生处剪掉，在余下的枝干两侧每隔 30～50cm 处轮替嫁接接穗，10 年生的栗树，一般嫁接 10～20 个接穗。

嫁接方法采用插皮腹接，接穗削面要平滑，长度 6～7cm，接穗削好后立即插到砧木的接穗槽中。在华北南部栗产区，最上端的接穗要接在枝干的南面，前面要留出 60～70cm 的活支柱，以便接穗成活后绑缚新梢。如果接在枝干的北面，南面的韧皮部极易受日灼。太行板栗产区，日灼现象随处可见。南方栗区虽然温度高，但由于雨水多，空气湿度大，很少出现日灼。接穗成活后要保留多于接穗 1～2 倍的萌蘖，以保持树上与树下的平衡，减少新梢风折。分散树体养分，使嫁接新梢生长量在 50～60cm，不但嫁接当年结果，第 2 年树势生长中庸，产量比接穗用量少和不留萌蘖的高 30%～50%。在大树嫁接中，凡是接穗用量过少，砧木回缩过重的树，嫁接当年枝条生长量达到 1.5～2m，由于大树无法拉枝，冬季修剪又不能短截，第 2 年抽生的果枝全在枝条顶端，树体高，产量低。

其次是对少数质量好，果粒大而整齐，单位面积产量高的栗树进行集中营养处理，疏除过密的辅养枝、细弱枝、病虫枝和鸡爪码，打开层间距。2～3 年生枝前端保留 1～2 个较壮枝，集中养分，促进主侧枝中下部抽生果娃枝，增加母枝数量，扩大结果面积。

无论是嫁接树还是放任修剪树较大的锯口，都要进行伤口保护，涂抹灭腐新或 843 杀菌剂，避免腐烂。嫁接后的活支柱，第 2 年一定要从接口以上去除，以便接口尽快愈合。

3. 接后管理 当接穗新梢长到 30～40cm 时，把其绑缚在活支柱上。同时进行新梢摘心去叶处理，增加分枝量。对于成活后就出现雄花的新梢，无论枝条长短，从雄花以上 4～5 片叶处摘心。

病虫防治 发现病虫危害，及时喷药防治。在金龟子和大灰象甲发生严重的栗区，在接穗上套塑料袋，接穗成活后，将塑料袋顶端撕开一个口，避免新梢日灼。

施肥浇水 凡是适龄不结果的栗园，肥水条件非常差，板栗嫁接后当年即可结果，第 2、第 3 年产量成倍增长，必须加强肥水管理，才能保证栗园的可持续增产。除秋施基肥、夏压绿肥、追施膨果增重肥外，前期必须实施叶面喷肥和微量元素的补充。

第三节 幼树早期高产技术

一、当年栽植与管理

园地选在土壤 pH 值为 6.5～7、偏酸性土壤，忌土壤黏重、低洼易涝。25°以下坡地，用挖掘机开沟整地，按水平线挖成 4m 宽平台，每个平台栽 2 行栗树。

苗木选择 选 2 年生一级实生苗，径粗 1cm 左右，10～15cm 长的主侧根 5 条以上，无病虫害、无检疫对象。

施底肥 树坑挖完后，坑内撒施发酵过的有机肥 30kg，氮、磷、硫酸钾各 15％复合肥 50g，肥料与土壤充分混合，再放树苗，根与肥料不接触，防止烧根。

栽植 3 月下旬至 4 月上旬，株行距 2m×2m，定植穴长、宽、深各 1m，每亩 167 株。栽后定干，干高 50cm。

浇水 定植后浇足水分，第 2 天再补浇 1 次，重力水渗下后覆土，覆土距地面 15cm，树盘呈四周高中间低的漏斗状，然后覆盖地膜。5 月下旬如果天气干旱无雨，可进行浇水，以后根据旱情适时浇水，秋季不旱可免浇。

叶面喷肥及防治病虫害 因板栗苗栽植过程的断根，吸水、吸肥能力很弱，必须补充养分供给树体生长，5 月上旬展叶后喷布 0.4％尿素＋0.3％磷酸二氢钾，10～15d 喷布 1 次，连喷 4～5 次。喷肥时间下午 4：00 后，叶片正反面喷至滴水为好。金龟子、大灰象甲严重的地方，板栗发芽时在栗园内每隔 5～10m 挂 1 水瓶，瓶内盛满水，每个瓶内插已展叶的杨柳树枝条 7～10 根，在枝条上喷药，减少金龟子的危害；在树干周围放 0.5％敌百虫毒耳，大灰象甲防治率可达 100％。7 月份红蜘蛛发生期，喷布 2 000 倍阿维菌素。

夏剪定主枝 选留方位正角度好的 3 个枝做主枝，其余竞争枝摘心。

追肥 7 月中旬株施 N、P、K 各 15％的复合肥 50g，距树干 20cm 处，挖 4 个深 20cm 坑施入。

实行生草栽培 在春季树下种植三叶草或紫花苜蓿，花期用动力割草机刈割，覆于树下或挖沟埋于地下，增加土壤有机质，改善山地土壤结构，提高片麻岩土壤的保水保肥性能。

二、栽后第 2 年管理

冬剪 3 月底至 4 月上旬完成，一株留 3 个主枝，不留中心干。主枝超过 50cm 的，在 50cm 处短截。多余枝疏除。

施肥 3 月下旬至 4 月上旬，每株施 N、P、K 各 15％的复合肥各 0.1kg。每亩加硼砂、硫酸锌、硫酸亚铁和腐植酸钙各 1kg。距树干四周 30cm 处挖 4 个深 15cm 的坑施入。

夏剪 5 月中旬开始，一个主枝选 2 个角度好的侧枝，其他摘心。侧枝距中心干 40cm 以上，做活支柱用。

追肥 7 月中旬，每株施 N、P、K 各 15％的复合肥 100g。同时刈割绿肥或杂草，覆盖树下，防治地表径流和水土流失。从展叶后每隔 15d 喷施 0.4％尿素＋0.3％磷酸二氢钾，全年喷布 4～5 次。11 月上旬浇防冻水，秋季不旱时可免浇。经过 2 年的科学管理，实生树的主干直径达到 3.5cm。

三、嫁接当年的管理

整形修剪 3 月下旬前完成。每株 3 个主枝剪成一条龙状，并从 3/4 处短截，其他枝全剪掉，为嫁接做准备。板栗嫁接前最好不要浇水，避免接伤口出现伤流。

嫁接 选适宜矮冠密植的燕山早丰、大板红、燕兴、北峪 2 号等优良品种等。3 月 20 日采集接穗，接穗粗度 0.6cm 以上，装塑料袋扎严。贮于地窖或山洞，封好窖口、洞口，地面用秸秆遮盖。接穗贮藏期越短，嫁接成活率越高。

嫁接时间 4 月中下旬新芽膨大期开始嫁接。日平均气温 15℃以上，天气晴好，嫁接成活率高。

嫁接方法 插皮腹接，接口在主干 20cm 处，接口以上剥光树皮，留 50～60cm 做活支柱用。削面长 5～7cm，接穗长 10～15cm，有 3～4 个饱满芽，接穗扦插部位在主干内侧（防止拉枝时劈裂）。撬开皮层，迅速插入接穗，一个接口插一枝接穗。将接口包扎严紧，用面黏土加杀虫药做成浆糊，涂满接口，防止板栗透翅幼虫蛀食接口。嫁接后 15d，接穗不萌发的要进行补接，使树势整齐。

接后除萌、摘栗花、栗蓬 嫁接成活后，每周除一次萌蘖，同时把栗花、栗蓬全摘掉，集中营养供主枝生长。

防新梢风折 新梢长 20cm 时将其绑缚在活支柱上，一年绑缚 2～3 次，保证嫁接成活率和保存率。

定主枝、选侧枝 嫁接成活后，一株树留 4～6 个旺盛主枝任其生长，其余较弱枝长到 40～60cm 时摘心去叶促分枝；主枝生长量在 1.5m 以上；摘心侧枝平均抽生 4 个新枝。7 月中下旬，每株施复合肥 100g；燕明喷施 0.3% 磷酸二氢钾 2～3 次。8 月中旬对夏季摘心的枝条进行再次摘心，促进顶端混合芽积累更多的养分。

四、接后 2 年管理

拉枝 3 月下旬至 4 月上旬，树液流动枝条变软时进行。把活支柱除掉，自然开心形，不留中心干，把所有枝头都拉成 70°～80°，避免重叠枝、交叉枝出现，多余枝疏除，拉枝后一律不短截，全年不解拉绳，以扩大树冠，缓和树势，促进结果，提高产量。不拉枝产量 0.25kg/株，拉枝产量 0.5kg/株。树与树直接相互对拉，把所有未摘心的枝头都拉到 70°～80°。树间无法对拉枝的，地面钉木桩，拉枝到 70°～80°。注意绳与地面有 5cm 距离，为延长拉枝时间避免烂绳枝条回弹，可用细铁丝拉枝。将废自行车外带裹绑枝条缠绑处用，防治铁丝勒进枝条折断。

促成雌花 3 月底，每株施复合肥 150g，在距树干 40cm 处挖坑施入，施入后灌水。

刻芽 3 月下旬至 4 月上旬发芽前进行。在被拉枝条两侧每隔 20cm 的饱满芽的上方，用钢锯片，在芽前 3mm 处锯断韧皮部，截断上运养分，促生壮枝，当年即结果。

疏雄 5月中旬，雄花长到2cm时喷600～700倍疏雄醇，也可在雄花长到8～10cm时进行人工疏除，疏掉雄花的70%～80%。

夏剪 6月下旬开始，部位好的选留结果枝组，不结蓬的留20cm短截。徒长枝、竞争枝、交叉枝，没空间的疏除。背下枝、细弱枝做辅养枝。

疏果 7月上旬，每个枝条保留4个蓬，多余的蓬苞疏掉。

实生树嫁接2年，经过标准化、规范化拉枝刻芽等综合技术处理，树冠面积达到$3.2m^2$，覆盖率达到栽植面积的80%。枝条平均长度29.7cm。每株树有结果枝29个，每个枝结蓬1.9个，结蓬55个/株，每蓬有坚果2.7个，单果重8.3g，株产量1.23kg，亩产205.4kg，树冠投影面积产量为$0.38kg/m^2$，仍有较大的增产潜力。

要使密植幼树持续增产，必须加强树下肥水管理，实施轮替更新控冠修剪，对有空间的地方继续拉枝处理，提高土壤和光照的最大利用率。对树冠外围枝的延伸枝，以当年母枝轮替更新修剪或2～3年生枝组回缩控冠，树冠投影面积保留6～9个/m^2个结果母枝，保持密植园的高产稳产年限。

第九章　板栗采收、贮藏与加工

第一节　板栗采收

一、采收时期

河北板栗最早熟的品种在 8 月下旬成熟，最晚则要到 10 月中下旬，大部分品种在 9 月上中旬成熟。一株上的蓬苞从第 1 个开裂到全树成熟需要 7～10d。采收时一定要随熟随采，避免一个蓬苞开裂采全树，一个品种成熟采全园的错误做法。

二、采收方法

1. 拾栗子　树上的栗蓬自然成熟开裂，坚果落地后捡拾。此方法收获的栗子发育充实，外形美观，有光泽，品质优良，耐贮耐运，同时，还可充分利用辅助劳力。但必须每天进行捡拾，否则栗果长时间在地下裸露，会失水风干，影响产量和果品质量。据试验，栗果在树下裸露 1d，失水重量达到 10% 以上，而且失水后的栗果在贮藏和运输中极易霉烂。所以，栗果捡回后要立即进行沙藏处理，避免失水风干。

2. 打栗蓬　板栗开裂 40% 以上，用竹竿将栗蓬振落，并捡起集中堆放在荫凉处，每堆 20cm 喷洒少量清水，增加蓬堆内的湿度。蓬堆厚度不超过 80cm，5～7d 蓬苞开裂后，将栗果捡出，注意不要损坏果皮的光洁度。有的栗农为了方便和快捷，栗蓬开裂后用木棒击打蓬苞，严重损坏果皮的蜡质光泽，有的出现划痕，降低果品等级。

第二节 板栗贮藏

板栗称之为干果，以种子作为商品，一般认为比其他水果耐贮藏，其实不然。生产中往往因贮藏运输不当造成失水、腐烂或发芽。板栗在运贮中怕干、怕水、怕热、怕冻，板栗失水30%，即失去生命力；在温度、湿度比例失调的情况下，在一个月内有51%的坚果失去商品价值。板栗贮藏质量的好坏，要考虑多种因素，如采收的时间与方法，临时贮藏时的温湿度，经营管理措施等。有的坚果在相同贮藏的条件下，比其他果腐烂率要高得多，其原因是果实体内钙的含量过低而致。

一、贮藏原理

板栗是由多种化学成分组成，如水分、糖、淀粉、蛋白质、维生素、矿物质等，这些化学成分与果实的贮藏有着密切的关系。

1. 水分 适当的水分是保持栗果正常生理活动和新鲜品质的必要条件。果实含水量的多少，随果实成熟状况和产地有着密切关系，刚从树上采收的栗果的含水量为50%左右，结冰点−3℃。新鲜栗果在贮藏中水分容易损失，引起果实失重或病变；在同一批栗果中，含水量高的比含水量低的病变严重；在我国，南方板栗腐烂比北方严重，除采收时气温过高外，栗果含水量也是产生腐烂的主要原因。

2. 糖 糖是板栗味甘的主要成分，栗果的含糖量因品种和贮藏的时间长短而异，一般情况下，含糖量高、水分含量低的栗果易贮藏；相反，易出现腐烂现象。板栗的含糖量在12%～22%，随着贮藏时间的增加，糖的含量升高。

3. 淀粉 栗果中淀粉的含量为56%～60%，淀粉分支链和直链，在相同温湿度条件下，直链淀粉较稳定，我国南方板栗直链淀粉较北方板栗含量高，北方板栗支链淀粉较多，糯性较强。在同等条件下南方板栗易烂，主要是当地气温高和栗果内水分高而致。

4. 蛋白质 栗果中蛋白质含量在 $4.8\%\sim10.7\%$ 之间，蛋白酶类催化果实中的各项代谢过程，所以，蛋白质在贮藏代谢过程起着非常重要的作用。当然各种生理代谢，都离不开温度这个催化剂，在温湿度适宜的情况下，板栗可整年贮藏。

另外还有大量的矿物质（如钙、磷）、脂肪、维生素 A、维生素 B、维生素 C、核黄素等。

二、贮藏中的生理变化

栗果采收后，新陈代谢仍在继续进行，不同的是不能再从树体上得到水分和其他营养物质，而是不断地失去自身水分，并逐渐消耗体内所积累的各种物质，以供给其生命活动所需要的能量。随着贮藏期的延长，营养物质消耗逐渐增加，栗果的外观色泽、风味、口感和营养成分都在不断地变化，其生理性状和化学性状也随着变化。

1. 呼吸 一般作为种子成熟后需要干燥，而后进入休眠状态。干燥种子呼吸作用十分微弱，生理活动处在很低的水平，种子吸水膨胀后，生理活动转为活跃。但栗果则不然。栗果在贮藏初期并不进入休眠状态，而是生理活动旺盛，呼吸作用强烈。据中国农业大学测定，板栗采收后（9月下旬）在 $20℃$ 时呼吸热达到 460J/$(kg \cdot h)$，换算其呼吸强度为 $42.33mgCO_2/(kg \cdot h)$。湖南科技部门10月测得栗果的呼吸强度为 $57.8mgCO_2/(kg \cdot h)$，并伴随呼吸放出大量热能，导致密集的栗堆温度升高。因此，在贮藏初期要注意通风散热，避免栗果大量堆积发热，防治栗果腐烂。贮藏第 2 个月，气温显著下降，栗果的呼吸作用也逐渐减弱，12月份测得栗果的呼吸强度为 $44.88mgCO_2/(kg \cdot h)$，此时，由于气温低，栗果的性状也较稳定，不易腐烂。南方栗果，特别是早熟品种，更容易腐烂，这和高温、呼吸旺盛有直接关系。11月中旬到翌年1月中旬，栗果进入深休眠阶段，呼吸作用明显下降，烂果率也降至最低。

2. 质量变化 板栗在呼吸过程中消耗的主要物质是糖，其次是淀粉、蛋白质及有机酸。从而使果实失重和组织衰老。如湖南邵阳地区林科所试验，常温条件贮藏100～180d，栗果与贮藏前比较，总糖增加了9.88%。淀粉减少了6.07%，蛋白质减少2.87%，栗果仍保持原有风味。广西外贸和广西植物所的试验也获得了类似的结果（表9-1）。

表9-1 板栗贮藏前后营养成分变化

营养成分	含量（%）		备 注
	贮前（10月份）	贮后（12月份）	
总糖	8.00	16.00	
淀粉	72.5	64.3	以干重计算
粗蛋白	8.03	7.02	
粗脂肪	4.30	4.2	

栗果刚采收时含糖量较低，淀粉含量高，随着贮藏时间的增加，淀粉在淀粉酶的作用下分解成糖，果实口感也明显变甜。但在贮藏中含糖量的过度提高则是不正常现象，这是因为糖量增加导致呼吸作用加强，也易于病菌的滋生，二者均是导致栗果腐烂的主要因素，在贮藏中控制温度、调整湿度是减少栗果衰老的有效方法。

三、贮藏方法

1. 临时贮藏 临时贮藏（即发汗）是把从树下捡回和蓬苞掰出的栗果贮藏在阴凉室内或者地窖中，铺10cm的湿沙后，1层栗果1层湿沙堆藏，最上覆盖10cm以上的沙层，堆高不超过1m。河沙湿度保持在40%左右（手握成团，手放散开）为宜，平时视沙的干燥度及时喷水保湿。河沙须洁净，先晒 2～3d，加入 0.1％托布津的溶液，栗堆积厚度约 30～40cm，每 5～7d 翻动检查 1 次，结合检查沙子湿度，捡出霉坏果，直至到板栗出售或冬藏。

2. 冬藏 选排水良好的背阴处，挖深 1m，宽 0.6m，长度视栗果多少而定的沟，沟底铺放 5cm 湿沙（湿沙含水量不超过 7％，即半干沙），沙上放一层栗果，栗果厚度不超过 5cm，沙果比例为 4∶1，如此反复，直至距地面 20cm，填沙 10cm，最上部填土 10cm，土壤结冻前在堆上覆土 20～30cm，防止栗果受冻。如果贮藏数量较多，沟内每隔 1.5m 竖 1 把秫秸，以便透气。

3. 袋藏 袋藏是在沟藏的基础上经过多年试验而总结出的简单易行而有效的贮藏方法，此方法即可以用于临时贮藏，又可用于农户冬季贮藏。将刚从树下捡回或从栗蓬中取出的栗果用井水循环浸泡 4～5 个小时，降低栗果温度，然后装入透气的编织袋中扎严，淋出袋内的水分，同时在背阴处挖好深 1m、宽60cm，长度视栗果多少而定的贮藏沟，放满井水，降低土壤温度。待沟内的水渗下后，将装满栗果的编织袋立放在沟内，每隔10cm 放 1 袋，然后填入湿沙。此方法可随时取出销售，亦可贮藏到春节前后。而且烂果少，果面无污染、杂质少。

4. 气调保鲜贮藏 这是目前国内外先进的果蔬贮藏保鲜方法，采用 $CO_2 \leqslant 10\%$，温度 $-1～0℃$，相对湿度 90％～95％的条件贮藏，可贮藏 4 个月，湖北罗田县供销合作社土产公司和华中理工大学共同研究板栗气调贮藏试验，建成了板栗气调保鲜库。此气调保鲜设备碳分子筛制氮技术，用于板栗保鲜贮藏在国内属先进技术。该项成果成功地解决了库房保温、防潮、密封、气体调节、温度、湿度控制问题，经保鲜 6 个月的抽样检查，失水率 1％以下，好果率为 87.5％，色、香、味、均符合板栗鲜果国家标准及出口卫生标准。

5. 涂膜保鲜贮藏　采用各种涂料处理栗果，在其上形成一层被膜，可防止失水和发芽，减少病虫害浸染。广西植物研究所采用水果涂料处理，效果良好，贮藏中失重率明显下降，腐败率也有所减轻，并可抑制发芽。安徽农业大学（1994）用无毒天然高分子化合物作为成膜物质，内含低毒高效的杀菌剂及发芽抑制剂制成保鲜液膜，在常温下贮藏 150d，与对照比，好果率在 93.79％以上，最高可达 95.32％，失水率在 3％左右，霉烂率在 5％左右。保鲜液膜处理的板栗贮藏 150d 后，经人工品尝仍有适口的甜味，保持其原有的风味。

6. 冷藏贮藏保鲜　板栗在常温下贮藏，由于含水量较高，栗果及病原菌呼吸及代谢均十分活跃，很容易造成栗果的腐烂。而在低温下贮藏，则可降低栗果及病原菌的代谢活动，降低水分的损失，有利于贮藏。但栗果（种子）与其他作物种子不同，不耐$-4℃$以下低温，因此，冷藏法通常较适合的温度在 $0\sim1℃$。具体操作是将栗果用麻袋包装，贮藏于 $0\sim1℃$、相对湿度85％$\sim$95％的冷库中，定期检查。若库中干燥，可安装加湿器。

第三节　栗果贮藏中霉烂的原因

　　板栗属干果，其内部生理的特殊结构，决定了在贮藏和运输中的特殊性能。板栗与其他干果不同，失水风干后即失去生命力，即失去鲜食的意义。因此，板栗在贮运中即怕干、怕水又怕热。一旦处理不当，便引起严重损失。从总体上说，北方栗比南方栗要耐贮，这可能与板栗的内部生理机制、外部的温度条件和坚果本身的含水量有关。

一、不成熟栗子引起霉烂

　　在一株树上，第 1 个开裂的栗蓬与最后开裂的相差 10 多天，如果蓬苞刚刚开裂就开始打栗子，产量相差 15％ 以上，耐贮性大大降低。在外部形态上，成熟与未成熟板栗有很大区别（表9-2）。

表 9-2　板栗成熟度与霉烂关系（沙藏 30d）

栗果成熟度	蓬苞颜色	果实颜色	霉烂果（%）
未成熟	深绿	白色	47.0
成熟度差	浅黄	白褐兼有	10.5
蓬苞开裂	开裂	深褐色	0.5

从表 9-2 可以看出，未成熟栗子为白色，成熟度差的栗子白褐兼有，虽然经过堆蓬（后熟）后颜色转褐，但色泽发黄，没有光泽，品质极差。

二、失水风干引起的霉烂

板栗含水量在 50％ 左右，一旦失水量过大，就会失去生命力。栗果失水后一旦遇到高湿条件就会出现再吸水现象而引起霉烂。随着失水的增加，贮藏中的霉烂也逐步提高（表9-3）。

表 9-3　板栗风干天数与失重量和霉烂的影响

风干天数（d）	总重量（g）	失重（g）	失重（%）	霉烂（%）
0	234.3	0	0	0
1	245.5	27.5	11.2	0
2	237.4	45.1	19.0	8
3	229.1	58.2	25.4	24
4	240.6	65.3	27.3	28
5	236.7	71.2	30.1	30

三、不合理贮藏方法引起的霉烂

板栗霉烂大多集中在采后 1 个月，此时气温高，特别是早熟品种，成熟时气温在 20～30℃，栗果正处于休眠的准备阶段，生理活动比较强烈，如遇高温、高湿、通风不良或钙离子含量较低，均能引起霉烂。

1. 温度过高 贮藏中温度过高有两种情况：一是打栗后蓬苞堆放过厚，堆层压塔过实。此时栗果由于呼吸旺盛而引起发热。据试验，蓬堆高度增加 1m，堆中温度升高 10℃。有时蓬堆中的温度高达 50～60℃，导致胚组织死亡，蛋白质变质，引起霉烂。二是在贮藏中沙与栗果的比例较低，栗果与栗果之间的呼吸旺盛发热而引起霉烂。

2. 湿度 采收季节多雨，栗果含水量过大或刚从树下捡回的栗果（未经发汗）立即在高温条件下贮藏，亦容易引起霉烂。在贮藏过程中沙的含水量过大或通气不良也能引起霉烂。

3. 栗果中"钙"的含量低 在贮藏过程中钙的含量低于 56mg/100g，极易引起栗果霉烂。

第四节　板栗加工

一、"开口笑"

产品的特点是带壳、易剥，产品加工工艺简单，并较好的保持了板栗原有的风味。

（一）工艺技术流程

原料→预选→炒制→划口→烘烤→分装称重→检金属→装袋→充氮→封口→检验→杀菌→包装→入库。

1. 原料预选 取带壳北方产板栗，剔除不规格栗或虫栗。

2. 炒制 将板栗在盛有沙砾的铁锅内炒至七成熟，栗与砂比为 2∶1，加糖稀量为 0.3%。

3. 开口 用利刃在栗果中部横划至栗肉，划口在栗果 1/2 以上。

4. 烤制 将划口栗放入烘箱，在特定温度下烤制 15min，排除水分，促进栗壳开张。

5. 称重分装 电子天平按包装标识称重分装。

6. 检金属 将称好的栗仁放在塑料碗中，用金属检测仪检出金属异物，同时目检其他杂质、异物。

7. 装袋、充氮封口 投入自动包装机、先抽真空再充入氮气，一次自动完成。

8. 检验 人工检验封口质量、充氮程度、抽样检氮气含量，并作记录。

9. 杀菌 将栗袋摆放于杀菌筐内，每筐 8 排，每排 8 袋，入杀菌锅后按规格在电脑中调出杀菌公式，进行自动升温—杀菌—冷却。

10. 包装装箱 杀菌后的产品，经去除表面水分装箱。

（二）工艺技术特点

①进行真空充氮抑制了栗仁的褐变和氧化变质，可使栗仁保持漂亮的颜色，在抽真空的瞬间，注入一定的高纯氮气，充氮后的包装还可防止栗仁在运输过程中的破碎，抽真空和充氮的程度全靠微机自动控制。

②杀菌过程实行微机管理，确定合理的杀菌公式，杀菌的目的除了杀死微生物使产品易于保存外，还要使产品熟化，赋予其熟栗仁特殊的口感，如果杀菌不足栗仁会很快霉烂变质，如杀菌过度，栗仁会发生碎裂，感官质量严重下降，都会给产品质量带来毁灭性的打击。

③通过二次烘烤，解决带壳部位与划口处栗仁色泽不同的难题和涩皮与外种皮一体化，保留涩皮在包装内能显著增加栗肉香味，适宜的温度和烤制时间成为关键。

（三）理化指标

1. 色泽 栗肉通体呈栗黄色，色泽光鲜；栗壳开裂为横切

2/3，涩皮与外种皮一体易剥离。

2. 气味与滋味 特有的栗肉香气，甜润、香糯无异味；比无壳栗仁香味更浓，卫生效果更好，品质更佳。

3. 微生物指标 商业无菌。

4. 营养成分 栗肉热量883kJ/100g，蛋白质7.46g/100g，脂肪1.5g/100g，碳水化合物44.8g/100g，膳食纤维3.14g/100g。

5. 包装 产品采用内、中、外三层封闭式包装，内包装为铝箔袋装，每袋净含量分50g、70g和170g三种，以50g为主；中包装采用两层板纸小盒封闭式包装；外包装采用五层瓦楞纸箱胶带封闭包装。

二、听装小包装栗仁

产品美观大方，档次高，食用方便，而且风味独特，保质期长，适合在自动售货机上出售。

（一）工艺流程

原料→预选→分装称重→检金属→装袋封口→杀菌→检验→装听→封口→包装→检验→入库。

工艺技术流程叙述：

1. 原料预选 按照规格选用优质栗仁，剔除不合格栗仁，包括：碎粒、小于4.5g/粒、大于10g/粒。

2. 分装称重 电子天平按包装标识称重分装。

3. 检金属 将称好的栗仁放在塑料碗中，用金属检测仪检出金属异物，同时目检其他杂质、异物。

4. 装袋、封口 投入自动包装机自动完成。

5. 检验 人工检验封口质量，并作记录。

6. 杀菌 将栗袋摆放于杀菌筐内，每筐8排，每排8袋，入杀菌锅后按规格在电脑中调出杀菌公式，进行自动升温—杀菌—冷却。

7. 装听 杀菌后的产品去除表面水分，经人工检验后装入马口铁全开式易拉罐中，在自动罐头封口机上密封。

（二）工艺的特点

①进行封口抑制了栗仁的褐变和氧化变质，可使栗仁保持漂亮的颜色。

②杀菌过程实行微机化管理，确定合理的杀菌公式难度很大，杀菌的目的除了杀死微生物使产品易于保存外，还要使产品熟化，赋予其熟栗仁特殊的口感，如果杀菌不足，栗仁会很快霉烂变质，杀菌过度，栗仁会发生碎裂，感官质量严重下降，会给产品质量带来毁灭性的打击。

根据包装大小不同，杀菌锅装填方式和装填量来决定杀菌公式："升温速率—杀菌温度和保持时间—降温速率"是一件很复杂、技术水平很高的工作。

③装入金属罐后密封，实际上是对产品实行了"双保险"，不仅可防止在运输销售过程中塑料袋的破损，便于在自动售货机上销售，而且也进一步延长了保质期，使消费者使用更放心。

（三）理化指标

1. 产品色泽　呈咖啡色，色泽鲜艳。

2. 产品气味与滋味　特有的栗肉香气，甜润、香糯无异味。

3. 产品微生物指标　商业无菌。

4. 营养成分　产品含热量 882kJ/100g；蛋白质 7.46g/1 000g；脂肪 1.5g/100g；碳水化合物 44.8g/100g；膳食纤维 3.14g/100g。

5. 包装　产品采用内、中、外三层封闭式包装，内包装为铝箔袋装，每袋净含量 120g，中包装用马口铁罐铝合金全开式易拉盖密封包装，外包装用五层瓦楞纸箱胶带封闭包装。

三、板栗酱

（一）主要工艺流程

原料→预选→脱壳→去皮→护色→预煮→熟化→化糖→细磨→杀菌→包装→入库。

（二）主要仪器设备

夹层锅，破碎机，胶体磨，包装机。

（三）原料

板栗。选取优质无污染、无病虫害优质板栗；砂糖；食用柠檬酸；亚硫酸钠；EDTA；化学纯；VC；变型淀粉。

（四）操作要点

1. 选料　要求选用新鲜饱满、风味正常、无虫蛀、无霉变、不发芽的板栗做原料。

2. 脱壳去皮　工业化生产可以采用机械去皮，少量加工时可以采用手工去皮，但注意手工去皮时不要损伤栗仁，并立即将栗仁浸于护色液中，以免栗仁氧化变色。

3. 护色修整　在护色液中修去褐斑、残皮等。

4. 预煮　在护色液 A 中预煮 3～5min，杀死栗仁表面的微生物，钝化表面的过氧化酶和多酚氧化酶。护化液 A 的组成为：0.5％的亚硫酸钠、0.5％ESTA、0.1％柠檬酸、0.05％VC。亚硫酸钠具有漂白褪色作用，EDTA 可以络合金属离子，柠檬酸可以降低介质的 pH，并抑制单宁的氧化褐变，维生素 C 具有较强的还原作用。

5. 熟化　配制护色液 B，将栗仁浸入护色液 B 中，微沸30min 至熟透为止。护色液 B 的组成为：0.05％柠檬酸、0.05％EDTA、0.05％VC，pH<3.5。

6. 化糖　将糖溶解、过滤，备用。

7. 细磨　在胶体磨中将栗仁磨细。

8. 脱气　在 600～800mm 汞柱的真空下，5～15min，脱除酱体内的空气。

9. 杀菌　100℃下 20min。

（五）产品质量标准

1. 感官指标

（1）色泽　淡黄色，色泽均匀一致。

（2）滋味及气味　具有栗子本身特有的味道，无异味。

（3）组织形态　细腻均匀的馅体。

（4）杂质　不允许存在。

2. 理化指标　固形物含量＞45％，总糖＞20％。

3. 微生物指标　细菌总数＜$3×10^4$ 个/g，大肠菌群≤30个/100g，致病菌不得检出。

四、夹心栗片

（一）工艺技术流程

原料→预选→脱外壳→去内皮→护色→预煮→磨浆→调配→压片涂心→烘制→包装→入库。

（二）技术要点

1. 剥外壳　板栗外壳的剥除有两种方法，即生剥法和热剥法。生剥法即在栗果顶部用不锈钢小刀将板栗皮切除一小块，以不伤害栗肉为宜，然后用刀剥除其余皮壳。热剥法是采用烘箱进行的，将栗果放入烘箱后，迅速加热至150℃以上，使皮壳自然爆裂而去皮，两种方法可根据生产厂家的实际情况自行选择。

2. 去内皮　内皮又称内衣，也可采用两种方法去除，即热烫法和碱液处理法。热烫法是将剥除外壳的板栗放入90～95℃的热水中处理3～5min，捞出趁热剥除内衣。碱液处理法是利用火碱的腐蚀性和降解作用，将涩皮与果肉间的中胶层浴解而去皮，其碱液浓度、温度及处理时间应灵活掌握，一般浓度为8％～12％，温度为90～100℃，处理时间视栗果内皮的厚薄、温度及碱液浓度而定（一般为1～3min）。

3. 护色　去皮处理后，立即用流动水冲洗，然后用1％的盐酸或柠檬酸中和残留的碱液，以防变色。护色时间不超过3h，否则会果肉会得暗淡无光。若需较长时间护色，则应在护色液中加入0.02％～0.04％的抗坏血酸。栗果在护色液中边护色边修整，用不锈钢刀修除残皮斑，以减轻浆体黏磨现象。

4. 预煮磨浆　将修整好的栗果在沸水中预煮 30min 左右，掌握栗果煮熟为宜。用不锈钢磨或石磨将煮好的栗果磨成浆，磨成浆时适量加水，以减轻浆体黏磨现象。

5. 调配　每 50kg 板栗浆加糖 20～25kg，入糖煮锅缓缓加热，不断搅拌。加热至 103℃，或以经验法判断，即用竹片蘸取样品液，滴在瓷板上结成软粒为度。停止加热，准备压片。

6. 压片涂心　把上述浆块移至涂有植物油的平台上，用涂油轧辊滚压成 0.3cm 的薄层，冷后凝结成稍带软韧的片状。按白糖：全脂奶粉 5：1 的比例混合均匀，用鲜蛋白调成浓浆，涂一薄层在果片表面，再用另一果片黏贴压紧，立即进行烘制。

7. 烘制　把涂好夹心的果片放入烘干机以 50～60℃ 的温度烘致全干为止，成品含水量不超过 14％，移出冷却。

8. 包装　把涂好夹心片切成 3cm×3cm 的方片，也可根据消费情况切成其他形状。用玻璃纸单片包裹，再用纸盒每 10 片或 20 片做定量包装。

（三）卫生指标

符合国家安全食品卫生标准。

五、板栗芙蓉酥糕

（一）工艺流程

<pre>
                          白糖→研磨粉碎
                                ↓
板栗→原料选择→剥壳、去衣→熟化→研磨粉碎→配料→加热炒制→
                                ↑
                   糯米粉、面粉及其他辅料

冷却→研磨粉碎→压模成型→包装密封→成品。
</pre>

（二）工艺操作要点

1. 原料准备 选择新鲜饱满，风味正常的板栗果实，剔除蛀虫、霉烂、发芽果。在自来水中清洗后用不锈钢刀在板栗上刻口，以不伤果肉为宜，然后放入烘箱中于 75 ℃烘烤 2h 后剥壳去衣。

2. 熟化 剥壳去衣后的栗仁放入不锈钢锅中热蒸 20～40min，以蒸熟透为准。

3. 研磨粉碎 用粉碎机把蒸熟的板栗研磨粉碎成粉状。

4. 配料炒制 把板栗粉、糯米粉、面粉和白砂糖等原料按照一定的配比混合，在炒锅中加入占原料量 5％的油脂加热烧开后加入混合原料进行炒制，炒制时间为 20～40min。

5. 压模成型 经炒制后的产品再进行粉碎，然后于方块模具中挤压成型。

6. 包装 挤压成型的产品用铝箔复合纸包装后，再用 PVC 复合袋按定量包装即可。

（三）物理指标

1. 色泽 灰白色，颜色鲜亮，均匀一致。

2. 组织结构 口感细腻，质地均匀，酥松有型。

3. 风味 味道甜美 香味纯正，具有独特的板栗风味。

（四）卫生指标

符合国家安全食品卫生标准。

第十章　板栗主要病虫害防治

板栗的病虫害种类较多，在我国危害板栗的害虫有 8 个目、34 个科近 150 种。其中严重影响板栗产量和果品质量的病虫害 10 多种。由于不同地区的自然条件差异较大，病虫害的发生和危害程度不同。据不同板栗产区的病虫害调查，南方由于气温高，雨量大，果实病害和实心虫类危害严重，而北方栗区干旱，以红蜘蛛和实心虫类害虫为主。现将主要病虫害的发生规律和防治方法介绍如下：

第一节　主要虫害及其防治

一、栗红蜘蛛

别名栗叶螨，针叶小爪螨，主要寄主是栗树和橡树，危害叶片使其失绿变黄，严重时叶片干枯乃至落叶，影响光合作用，致使树体衰弱，当年严重减产并影响翌年产量。该虫害主要分布在河北、天津、北京、辽宁、河南以及山东等栗产区。以河北、北京栗区较多。

（一）发生规律及习性

一年发生 5～9 代，以卵在多年生枝干及粗皮缝隙和树的分权处内越冬，越冬卵 4 月下开始孵化一直到 5 月中旬，孵化较整齐。孵化初期，成虫、若虫常沿叶柄下源及主脉附近呈群落集聚，叶片中上部很少有成虫和若虫。此时防治栗红蜘蛛可收到事半功倍的效果。刚发育的成虫开始产卵，产卵量在 50 粒左右。

卵多产在叶正面的叶脉两侧，6～9天孵化为若虫。红蜘蛛的危害盛期在6～7月份，虫口密度大时，5月下旬叶片即可变白，7月中下旬干枯落叶。栗红蜘蛛的危害程度除与虫口密度大小有关外，与当年的气候状况密切相关。夏季遇暴风骤雨对成虫若虫起到冲刷作用，使虫口密度自然下降，多雨地温不力红蜘蛛的繁殖，春季气温回升较慢，红蜘蛛孵化较晚，秋季气温较低，红蜘蛛的越冬卵提前。另外，红蜘蛛较少的板栗新区，天敌可有效控制红蜘蛛。在红蜘蛛未影响叶片光合作用的前提下，尽量不用或少用农药，实现以虫治虫、减少农药使用次数和对环境的污染，生产绿色产品。

（二）防治方法

①早春刮树皮。消灭越冬卵、各种病菌以及其他害虫的虫卵。

②4月中下旬（发芽前）喷5度石硫合剂。

③5月上中旬发芽期。喷布螨死净1 500倍+齐螨素2 500倍。

④6月中旬喷布（虫口密度较大时）机油乳油300+0.2度石硫合剂。

⑤保护天敌利用捕食螨、黑蓟马等天敌控制红蜘蛛。

二、桃蛀螟

别名 桃蠹螟、桃斑螟、豹纹斑螟、桃野斑螟蛾、桃蛀虫。

寄主与危害： 栗、桃、杏、李、梅、柿、无花果、苹果、梨、大豆、洋葱、菖蒲、玉米、向日葵，被蛀栗苞上可见虫粪。在河南栗产区桃蛀螟的危害严重区，虫果率可达到29％。2003年河北抚宁庞各庄村的桃蛀螟危害率高达56％。

（一）发生规律及习性

桃蛀螟为多化性昆虫，生活史极不整齐，分布非常广阔。我国从南到北的栗产区均有分布，越冬代成虫的发生期，自北向南逐渐提早。在河北一年发生2～3代，在山东一年发生3代，以老熟幼虫在堆果场、栗食仓库、向日葵花盘、秸秆、玉米茎秆、栗树皮缝、干栗苞等处越冬。以堆果场、栗食仓库、向日葵秸秆、花盘内越冬最多。越冬幼虫4月下旬羽化，盛期在5月中旬至6月上旬，末期在6月中下旬。第1代幼虫主要危害桃李等果树，第2代主要危害中晚熟玉米、向日葵；第3代主要危害板栗、向日葵。江苏南京的第1代幼虫的危害期在5月中至7月上；第2代在7月上至8月上；第3代在8月上至9月上。南昌地区一年基本是4代，幼虫首期提前10~15d。2005年河北昌黎果树研究所在所内的板栗园种植向日葵试验，2株向日葵盘内有276个桃蛀螟幼虫，一个向日葵秸秆内有37个桃蛀螟幼虫。产卵部位：在栗树上产卵于栗苞的针刺间，尤其是两个苞相靠的针刺间。

初期幼虫蛀食栗苞和苞壁，仅有小部分危害栗果，采收后大部分幼虫在栗苞上危害，栗苞堆放17d后，果内桃蛀螟大量增加。

（二）防治方法

①栗蓬采收后堆积5~6d，当栗苞大部分开裂时，及时脱粒。

②5月上中旬在栗园周围和稀植栗树下种植向日葵（油葵6月上中旬）或玉米等桃蛀螟的喜食植物，为其提供充足的喜食植物，然后将葵秸、葵盘及时采收烧毁，避免为桃蛀螟提供繁殖场所，使之再度猖獗。

③在栗园内设置黑光灯和性引诱剂，诱杀桃蛀螟成虫和预测预报。

④生长期，8月上旬、下旬各喷1次氯氰菊酯1 000倍+杀蛉脲2 000倍液。

⑤利用糖醋罐诱杀桃蛀螟成虫。

三、栗实象甲

别名坚果象鼻虫、坚果象虫，是危害栗果的主要害虫。被害果失去经济价值和发芽能力。据记载河南有的栗产区的被害率达到 20%～40%，严重地区达到 80%～90%。山东（莱阳）、贵州部分栗区也很严重。

寄主与危害状：板栗、芭栗、栓皮栎、麻栎、榛子。危害坚果和嫩叶，果外除注入孔外无明显痕迹。

（一）发生规律及习性

两年发生 1 代，以幼虫入土结土室越冬。7 月上旬成虫开始出现。7 月下旬至 8 月上旬为出土盛期，成虫出土后取食栗实及嫩叶。8 月上旬为产卵盛期，8 月中下旬至 9 月上旬为蛀果期，成虫产卵时先把栗苞或果实咬一破口，然后在破口处产卵。卵多产在蓬皮或果皮中，每个坚果可产卵 1～5 粒，卵期 8～12d。幼虫在果实内取食 28～35d，幼虫老熟后，将果实咬成一圆孔爬出，再在土中蠕动成一土室（及蛹室），一般幼虫入土深度 5～15cm。

（二）防治方法

①处理脱粒场所：及时采收成熟的蓬苞，集中堆放在水泥地上，使其集中脱果。在栗堆四周撒 2～4cm 宽，1～2cm 高的土埂，栗果全部脱蓬后，将土埂埋入 1m 深的土壤中。

②仓库熏蒸：二硫化碳熏蒸坚果，1m³ 用药 20g，熏 20h。

③8 月上中旬，象甲产卵盛期，喷 1 000 倍液氯氢菊酯 2 次，消灭成虫、卵、初孵化幼虫。

④栗果脱蓬后在水中浸泡 4～5h，浸出坚果中的幼虫，并迅速杀死。

四、金龟子类（平毛金龟子、小金花金龟子、平绒金龟子、铜绿金龟子等）

寄主与被害状：金龟子类属杂食性害虫，即危害苹果、梨，又危害板栗幼芽，严重时把幼芽、幼叶食光。迁安市的甲河村的 67hm² 5～6 年生板栗幼树，叶片一年连续 2～3 次被各种金龟子食光。另外，新栽各种果树和新嫁接的板栗接穗，由于金龟子多次对叶片的危害，上千公顷的新栽板栗成活率不足 30％。

（一）发生规律及习性

金龟子类以成虫危害叶片，由于种类较多，从板栗发芽至整个生长期均有危害。平绒金龟子（黑绒金龟子）：一年发生 1 代，以成虫在土中越冬，第 2 年 4 月上旬成虫开始出现，当板栗芽膨大期，上午 10：00 时以后，大量成虫集聚在栗芽、叶处取食危害，可把芽、叶食光，是新发展栗区的主要害虫之一。

平毛金龟子、铜绿金龟子。平毛金龟子 1～2 年发生 1 代，以成虫在土中越冬，4 月上中旬成虫开始出现，5 月份是其危害的高峰期，它是继平绒金龟子之后的食叶害虫之一。铜绿金龟子在平毛金龟子危害之后。虽然该虫体积和食量较大，但此时叶片较多，危害性能比平绒和平毛金龟子小。

（二）防治方法

①人工捕捉金龟子成虫：迁安市西甲河 67hm^2 板栗幼树，春季捕捉金龟子成虫 400kg。

②种植寄主植物：在新植栗园或新嫁接园块种植菠菜或草木樨，金龟子成虫出土期，喷洒 1 000 倍氯氰菊酯，将各种金龟子消灭在危害树体之前。在没有种植早期生长作物的栗园，可在树下每隔 5～6m 放一个废玻璃瓶，将瓶装满水，将已经发芽的杨、柳树枝喷洒 1 000 倍农药插在瓶内，为金龟子提供毒饵。

③施用腐熟有机肥。有的栗园把未经过高温腐熟的家禽、家畜的粪便直接施入树下，造成金龟子的幼虫基数大量增加，施用高温堆沤或高温灭菌的有机肥，可有效降低金龟子幼虫的虫口密度。

五、栗透翅蛾

寄主、危害状与分布：该虫主要危害栗树，幼虫蛀食树干皮层，破坏疏导组织，造成死树。栗透翅蛾的分布范围较广在河北、山东、江苏、陕西等栗产区均有危害。山东有些严重的栗区危害率高达 30％，江西严重栗园被害率达到 80％，河北栗产区被害率也很严重。是板栗产区的主要虫害。

（一）发生规律及习性

1 年发生 1 代，少数两年发生 1 代，以不同龄期（2～3 龄）幼虫在树皮缝内越冬。来年 4 月开始活动危害，取食韧皮层，在虫道内充满虫粪。幼虫老熟后即化蛹。在山东，蛹期在 8 月中下旬，江西的蛹期在 9 月中旬。成虫羽化期在 8 月上旬，交尾后即选择距地面 10～100cm 的主干皮缝或旧虫洞或伤口产卵，孵化后的幼虫从附近伤口等蛀入皮下。

（二）防治方法

①3～4 月份，用刮刀刮除被栗透翅蛾幼虫危害的部位，并刮除部分活的皮层（透翅蛾幼虫在活组织内活动），用煤油 2～3kg 加 50％DDV 乳油 100 毫升，涂抹被害部位。

②避免在树干上造成机械伤口，树体出现伤口可涂抹 200倍 DDV。

③成虫产卵前（8 月）在树干上涂抹敌死虫（机油乳油）10倍液。

六、木撩尺蠖

别名小大头虫、核桃尺蠖、洋槐尺蠖、木撩步曲。

寄主与危害状：杂食性食叶害虫，除木撩树，核桃树，栗树外，还有 100 余种寄主。以幼虫危害叶片，是一种暴食性害虫，严重危害时可将栗叶全部食光，因其食光叶片只剩叶柄，故栗农又称其为"一扫光"。1992 年迁西县牌楼沟村几十株上百年的板栗大树叶片被木撩尺蠖食光。该虫在北京、天津、河北、河南、山东、山西、四川等省市自治区均有分布。

（一）发生规律及习性

在华北地区，1 年发生 1 代，以蛹在土中越冬。越冬蛹大部隐藏在堰根下，梯田缝内及树干周围杂草、碎石堆内。次年 5 月上旬羽化为成虫，7月为羽化盛期，8月为末期。成虫羽化后将卵产于树皮缝内或石块上，每头雌成虫可产卵 1 000～1 500 粒，多者可达 3 000 粒。卵产成不规则块状，幼虫于 7 月上旬出现，至 10 月尚有卵孵化，发生不整齐。幼虫 4 龄后，食量大增，抗药性强。幼虫老熟后吐丝下垂或坠地入土群集化蛹越冬。虫害严重的地区，常有几十或几百个聚集一处。

（二）防治方法

①早春刨蛹。在出口密度较大的地区早春刨蛹集中杀死，可大大减少打药次数和对环境的污染，为生产绿色食品创造条件。

②捕捉成虫：成虫发生期（5～8 月）采用人工捕捉及灯光诱杀。

③药剂防治：在幼虫 3 龄前（7 月下旬至 8 月上旬）进行喷药防治。

七、栗毒蛾

别名苹果大毒蛾，栎舞毒蛾，栎毒蛾，二角毛虫。分布于辽宁、河北、河南、山西、山东、广东、广西、福建、四川等地。

寄主与危害状：幼虫取食苹果、梨、杏、栗、栎芽植物叶片，危害嫩梢及叶片，食量大，常常将栗叶吃光。1 年发生 1 代，以卵在树缝内，树干伤疤处越冬。5 月上旬板栗发芽时，越冬卵孵化，5 月中旬为盛期。

（一）发生规律及习性

在东北、华北、山东等地 1 年发生 1 代，以卵在树皮缝及锯口、伤口处越冬。幼虫孵化后群集在卵块上，2～3d 后吐丝下垂借风力分散。5 月中下旬，初龄幼虫开始取食新梢、嫩叶，幼虫期 50～60 天，共 5 龄，4 龄后食量大增，6 月下旬幼虫开始老熟，并在树皮缝处、缀叶或杂草中结茧化蛹，7 月中旬成虫羽化，交尾后雌蛾将卵产在树干阴面，每头雌虫产卵 500～1 000 粒。卵期长达 8～9 个月。

（二）防治方法

①冬季刮除越冬卵块，集中处理。

②捕捉成虫。根据成虫习性，用人工捕捉或灯光诱杀。

③药剂防治。在幼虫集中发生期喷布杀龄脲 2 000 倍＋聚酯类农药 1 000 倍。

八、栗皮夜蛾

寄主与危害状：主要危害栗树、橡树的果实，被蛀栗果蛀孔处有丝网和粪便，后期被害处有成团的棉絮状物，很快干枯脱落。主要分布在河北、山东等板栗的集中产区，一般蓬苞被害率 20％左右，严重时达到 50％以上。

（一）发生规律及习性

1 年发生 3 代，以蛹在树皮缝内或落地栗苞刺束间结茧越冬。5 月下旬至 6 月上旬羽化为成虫，成虫交尾后将卵产在新梢幼叶或雌花幼蓬上，前期多产在叶正面，中、后期可多产在幼苞和针刺间隙中或刺束上端。卵期约 4d。幼虫从苞刺缝隙蛀入苞内取食，粪便排在蛀孔处的丝网上，后期被害处有成团的棉絮状物，被害蓬苞多被蛀食一空，很快干枯，7～8d 后大部分幼蓬脱落老熟幼虫把危害的新梢、雄花和叶片吐丝连接在一起，作茧化蛹。6 月下旬羽化成虫并产第 2 代卵，7 月上中旬为产卵盛期，7 月中下旬是危害盛期。8 月中下旬第 3 代卵产在栗蓬上，幼虫孵化后一般不直接蛀入总苞，而在苞皮蓬刺下串食危害，2、3 龄后蛀入蓬苞内危害，此时正是苞内幼果速长期，幼虫可将栗果全部蛀空。幼虫经 23～27d 发育老熟后脱出，在树皮缝结茧越冬。

（二）防治方法

①剪除被害栗苞，集中烧毁。

②幼虫危害初期喷药，6 月上中旬、7 月中下旬喷氯氰菊酯 1 000 倍液。

③注意剪除树上的虫苞。

④冬天刮树皮。

九、卷叶蛾

别名橡实卷叶虫，栎实小蠹蛾，栗子小卷蛾。主要分布在东北、华北、华东、西北等栗产区。

寄主与危害状：幼虫蛀食栗、橡、核桃的总苞和果实，栗受害最重。粪便排于果内外，有时咬伤果梗使其早期脱落。

（一）发生规律及习性

1年发生1代，以老熟幼虫在落叶层中越冬。7月上旬出现成虫，中旬为羽化盛期，成虫将卵产在蓬刺上、叶背面或果柄基部。7月下旬幼虫孵化，先危害栗苞，8月下旬蛀入果实内危害，多从基部蛀入，蛀入孔有粪便，果内也充满粪便。10月上中旬栗果落地，幼虫脱果潜入落叶层结茧越冬。

（二）防治方法

①落叶后清理树冠下落叶，集中烧毁。

②幼虫孵化期（7月下旬），喷菊酯类农药1 000倍＋灭幼脲1 500倍。

③及时处理蓬堆内的幼虫和堆果场的幼虫，方法同坚果象甲。

④保护天敌。利用赤眼蜂控制坚果蛾幼虫的危害。

十、栗大蚜

别名栗大黑蚜，栗枝大蚜，黑大蚜。主要分布在北京、河北、辽宁、河南、山东、江苏、浙江、广东、四川等地。

寄主与危害状：栗、栎等树种，以成若虫群集新梢嫩叶刺吸汁液，影响新梢生长。

（一）发生规律及习性

一年发生10余代，以卵在树皮缝内或枝干表皮越冬，第2年4~5月孵化（无翅雌蚜）。5月份产生有翅雌蚜，飞往栗树嫩梢、栗苞隙间吸食危害，并繁殖或迁往其他夏季寄主，生长季节均为无性繁殖。秋季仍迁回栗树上集中危害枝条，10月份产生有翅蚜，雌雄交尾后产卵并越冬。

（二）防治方法

①冬季剥树皮，消灭越冬卵。

②5月中旬至6月上旬喷布1 500倍蚜虱净。

③及时消灭枝干表皮越冬的卵块。

十一、栗瘿蜂

别名栗瘤蜂。

寄主及危害状：危害栗、芭栗、锥栗，被害芽春季长成瘤状虫瘿。

（一）发生规律及习性

1年发生1代，以小幼虫在被害芽内越冬。第2年春天4月中旬开始活动，迅速生长，5月初形成栗瘿。6月中旬至7月中旬成虫羽化，7月上旬成虫由瘿内飞出，在当年的芽上产卵，每个芽上产卵1～7粒。卵孵化后即在芽内越冬。

栗瘿蜂在一般年份受到天敌的抑制，目前栗瘿蜂的天敌有12种之多，主要优势天敌是栗瘿长尾蜂。

（二）防治方法

①修剪：剪除弱枝，可减少越冬虫害。

②保护利用天敌：将冬剪下的旧虫瘿保存在背风向阳处释放天敌。5月中下旬将瘤烧毁，避免重寄生蜂破坏天敌。

③成虫脱瘿前（7月上旬）喷氯氰菊酯1 000倍液。

十二、栗花麦蛾

寄主与危害状：幼虫危害栗树的雌花和雄花，受害的栗树幼苞脱落。

（一）发生规律及习性

1年发生1代，以蛹在树皮缝内越冬。主干的树皮缝内最多，5月下旬出现成虫，发生期较为集中，常静止于树干上。成虫产卵在雄花穗上，幼虫有的危害雌花并蛀入幼苞，一个雄花穗上有幼虫1~10条不等，受害严重时幼苞脱落可达30%~60%，7月上旬老熟幼虫在树皮缝蛀一个椭圆形虫室，在内化蛹。7月中旬为化蛹盛期，7月下旬为末期。

（二）防治方法

①早春刮除树干和主枝上的粗皮，消灭越冬蛹。

②5月中、下旬成虫发生期，喷布聚酯类农药1 000倍＋2 000倍灭幼脲3号。

③幼虫期（6月上中旬）喷药。

十三、剪枝象甲

别名剪枝橡鼻虫，主要分布在河北、山东、辽宁等省。

寄主与危害状：危害、栗、栓皮栎、麻栎，成虫蛟食嫩果枝补充营养。

（一）发生规律及习性

1年发生1代，以老熟幼虫在树下土中越冬。5月化蛹，6月上旬成虫出土，下旬为出土盛期。产卵前将结栗蓬的果枝咬断一般距蓬2~5cm，仅留部分表皮，果枝倒悬于空中，成虫在栗蓬上咬一槽产卵其中，幼虫先沿蓬皮层蛀食，最后蛀果，虫道内填满虫粪。8月上旬至9月下旬老熟幼虫脱果做土室越冬，入土深度9~23mm。

（二）防治方法

①土壤结冻前翻耕栗园，消灭越冬幼虫。

②捡拾落地被害枝或栗苞，集中烧毁。

③地面撒粉，象甲发生严重的地方，成虫出土期在树盘下撒新硫磷粉剂，撒后与表土混均。

④树上喷药，6月上中旬成虫出土盛期喷氯氰菊酯1 000倍液。

十四、雪白象甲

寄主与危害状：栗树、茅栗等。主要分布在河北、山西等省。

（一）发生规律及习性

1年发生1代，以老熟幼虫在坚果内越冬。翌年4～5月化蛹，4月下旬出现成虫，5月上旬为羽化盛期。卵期15～25d，幼虫孵化后沿果柄蛀入蓬内，先危害蓬皮，果仁发育后即蛀食种仁，蛀果晚的采收时幼虫仍在果实内取食。幼虫老熟后将种仁和蓬皮咬成棉絮状，并在其中越冬，有的钻入土中越冬。

（二）防治方法

①8月上旬至9月上旬，人工捡拾落地栗苞，集中烧毁。

②5月末至6月中旬在成虫补充营养时期，结合剪枝象甲的防治，喷溴氰菊酯1 000倍液。

③栗果采收后结合降温贮藏，用井水浸泡栗果4～5h，浸出坚果内的幼虫。

十五、大灰象

别名日本大灰象甲。

寄主与危害状：危害板栗、苹果、梨、樱桃、李、杏、核桃等。幼虫危害植物根系，成虫危害芽和幼叶。尤其是新栽幼树和新嫁接的接穗，芽体被其多次危害后，造成大面积死亡。该虫主要分布在河北、河南、山东、山西、陕西、安徽、湖北等省。

（一）发生规律及习性

大灰象在我国北方1年1代，也有2年1代者。1年1代的以成虫在土中越冬；2年1代者第1年以幼虫越冬，第2年以成虫越冬。越冬成虫翌年4月出土取食补充营养，6月下旬大量产卵，卵产于叶片上，偶有产于土中者。每头雌成虫可产卵100多粒，卵期7d左右。幼虫孵化后入土取食腐殖质或植物根系。老熟后在土中化蛹，成虫羽化后不出土即越冬。

（二）防治方法

①人工捕杀，成虫发生期组织人力早晚捕捉成虫并消灭。

②放毒饵，成虫出土期，在新栽幼树和新嫁接砧木基部四周2～3cm处放入毒饵，将其消灭在危害芽叶之前。

③树干涂黏合剂，成虫上树危害之前，在树干周围涂4～6cm黏合剂，阻止成虫上树危害。

第二节　主要病害及其防治

一、板栗胴枯病

该病发生在树干和主枝上，发病初期树皮上出现圆形病斑或不规则形病斑，以后扩大，直至树一周，病斑呈水肿状隆起，并有橙黄色小粒点，内部湿有酒味。干燥后树皮纵裂，可见皮内枯黄病组织，病原为一种真菌。

（一）发生规律

传播方式：该病菌以子囊孢子、分生孢子越冬。病原可随带病的种苗，接穗传播，孢子则借风、雨水传播。

侵入途径：伤口，主要是嫁接口、机械伤口、虫伤。

病菌生长条件：5月中旬至9月，气温维持在20～30℃时，最适于病菌生长，气温低于10℃，高于30℃时病斑发展滞缓。

（二）防治方法

①加强土、肥、水管理，增加树势，减少病虫害，提高抗病能力。

②对各种伤口加强保护，特别是嫁接口，涂抹杀菌剂，减少浸染机会。

③药剂防治：刮去病疤，涂抹843康复剂。

二、栗白粉病

主要危害栗叶，在叶面形成灰白色病斑，并逐渐扩大，出现白色粉末，即分生孢子，最后在其上散生黑色小粒点，即子囊孢子。病叶呈现皱缩，凹凸不平，失绿，引起早期落叶。属真菌病害。

（一）发生规律

展叶后发病，雨季受到抑制，1～2 年苗木发病严重，其次是 4～7 年生幼树，10 年生以上大树发病较少。

（二）防治方法

①冬季刮树皮，及时收集病枝、叶烧毁。

②4～5 月发病初期喷 0.1～0.3 度石硫合剂或 25％粉锈宁 800～1 000 倍液。

三、立枯病

立枯病是苗圃常见病害。幼苗出土后，根茎部尚未充分木质化前，在根茎部出现褐色长形病斑，上下蔓延，病部凹陷环缢根茎，病皮里褐色，地上部因失水而萎蔫至枯死，病苗直立。

（一）发病原因

苗圃土壤黏重，排水不良，地湿或低洼易涝等发病严重，前茬为棉花、马铃薯、瓜类、蔬菜时发病重。施用未腐熟的厩肥、过量氮肥等促发此病。

（二）防治方法

①选好苗圃地，苗圃应选在旱能浇、涝能排的沙壤土上，避免在黏重土，低洼或棉、豆、菜茬地作苗圃。

②苗圃地的有机肥要充分腐熟，并与土壤混匀，防止栗果与土粪直接接触。

③中耕松土，提高地温。

四、栗仁斑点病

在轻度病害的情况下果皮无异常。在育种情况下，果品黑褐色，种仁霉烂变色。

黑斑型：炭疽病苗、链格孢菌，伤口侵染。

褐斑型：镰刀菌、青霉菌，属于伤口侵染的贮藏期病害。有的属于无菌性色斑。

腐烂型：青霉菌、镰刀菌等。

（一）发生规律

病害在采收后迅速增长，基本属于贮藏期病害，但炭疽病菌，链格孢菌可能在生长期侵入。该病发生与采后贮藏湿度，栗仁含水量，以及栗果的成熟度，伤口虫害发生情况等有关。

发病的适宜条件：25℃左右最适于病害发生，0～5℃则病斑不扩展。栗仁轻度失水可促进病斑发展和病害侵染。虫害发生严重，树势衰弱，栗仁不成熟，抗病力大大降低，极易感病。

（二）防治方法

①加强栽培和植保管理，增强树势，提高抗病性。

②5℃下低温贮藏和运输。

③采后立即预贮沙藏，防止栗仁失水风干。

第三节　生理病害及其防治

一、栗叶焦病

（一）发病症状

春季展叶后生长正常，进入雨季后期枝条中下部叶片边缘出现焦枯状干边，严重时叶缘叶色灰绿向内返卷干枯，失去光和性能。该病害在新栽幼树和新嫁接的初结果树发病率较高，进入盛果期后叶片干枯症状消失。但在严重缺钙时，栗果在采收期表现为严重腐烂。烂果内的含钙（57mg/100g）仅为正常果的50％。病源初步认为缺钙症。

（二）防治方法

①生长季节每隔15～20d喷1次0.3％～0.4％氨基酸钙，1年喷布3～5次。

②适量施用氮钾肥，避免氨离子、钾离子与钙离子之间的拮抗。

③施用有机肥，亩施肥量 4 000kg。

④在土壤 pH 较小的酸性土壤中，树冠投影面积可施生石灰 $120\sim150g/m^2$。

二、板栗空蓬症

（一）发病症状

缺硼在营养生长中表现不明显，但在花期授粉受精时非常敏感，往往造成板栗空蓬，严重时空蓬率达到 95％以上。

（二）防治方法

①在初花和盛花期各喷一遍 0.3％硼砂＋0.3％磷酸二氢钾，防治效果可达 85％以上。

②树下施硼。秋季每平方米树冠投影面积施入硼砂 5～8g，可有效防止板栗空蓬的发生。硼在土壤中溶解较慢，持续时间较长，因此，硼肥每隔 2～3 年追施 1 次即可。

③施用有机肥，改善土壤物理结构和化学性能。

三、硼中毒

近年来，人们对缺硼引起板栗空蓬已经有了较深刻的认识，但是在使用量上掌握的不准确，有的一株树就施 1～2kg 硼砂，造成硼过量中毒。目前硼中毒没有较好的解救方法，而且硼在土壤中溶解很慢，一旦硼中毒，往往受害多年。因此，板栗施硼量一定要小，2～3 年追施 1 次。

（一）发病症状

硼中毒春季不明显，但一到雨季，硼在土壤中溶解，造成叶片烧伤。一般受硼害的叶脉间和叶边缘有明显的干枯状，尤其是叶脉间的干枯状分布非常均匀对称，树势衰弱。严重者丧失结果能力。

（二）防治方法

①一旦出现硼中毒现象，马上按施肥坑将硼砂挖出（硼砂在土壤中溶解较慢）。

②严格掌握硼砂的施用量，一般每平方米树冠投影面积5～8g，3～5年生幼树每株3～5g。

四、不亲和症

（一）发病症状

板栗嫁接后3～5年（有的10年以上），接口出现瘤状突起，1～2年内大量结果，随即树势衰弱，接口以上干枯死亡。

（二）防治方法

①选用嫁接亲和力强的品种。

②使用亲缘关系较近的砧木。一般情况下，亲和力较差的品种都有特殊的优良性状，为避免嫁接不亲和，可用采穗的种子苗木作本砧。

③桥接。利用接口以下抽生的萌蘖进行桥接；接口出现瘤状突起后，瘤状突起以下极易出现萌蘖，在树体转弱前利用萌蘖进行桥接，可收到良好效果。没有萌蘖时，可在接口以下砧木四周插皮嫁接实生接穗3～5个，成活后第2年嫁接接口以上部位。

附　录

附表 1　无公害板栗年周期管理工作历

物候期	月份	技术内容	技术操作要点
休眠期	1～2 月	①刮树皮	刮掉大树主干、主枝的周皮，集中烧毁或深埋，消灭各种病菌、越冬成虫和虫卵。
		②冬季修剪	幼树疏除密挤枝、并生枝、重叠枝和无效纤细枝，使幼树从小形成内外有枝，上下着光的树体结构。 大树采用分散与集中修剪法。壮树采用去弱、截壮留中庸的轮替更新修剪法；弱树采用重疏和小更新修剪法。使壮树不壮，弱树不弱，连年结果。
		③修建山地水土保持工程	利用冬闲季节修建树盘、拦水坝、地下水窖等集雨工程，增加栗园的抗旱保收性能。
萌芽前	3 月	①幼旺树修剪	对于嫁接 1～2 年的幼旺树壮营养枝的 1/3 饱满芽进行短截，并在截口第 2 芽上连续刻芽 3～5 个，增加板栗幼树的枝叶量，提高早期产量。
		②采集接穗	采集生长健壮，无病虫害，经过省级以上鉴定并在当地通过试验示范，表现高产优质，抗逆性强的优良品种。
		③板栗栽植	山地采用"侧根插瓶栽植法"；交通不便，水源缺乏的边远山区采用"雨季储水秋季无水栽植法"；沙地采用"泥浆栽植法"，使成活率达到 85％以上。
		④浇增梢水	萌芽前浇水，有利新梢生长，增加雌花分化，为第 2 年丰产打下基础。

（续）

物候期	月份	技术内容	技术操作要点
萌芽前	3月	⑤施促花肥	板栗雌花分化在芽萌动至展叶期进行，此时施用 N、P、K 复合肥加入适量 B 肥，即可促进雌花分化又可减少空蓬率。
		⑥防治板栗透翅羽	刮除危害部位的粗老皮并刮到活组织 1cm 处，然后涂抹 10 倍内吸剂农药＋煤油乳剂。
		⑦防治红蜘蛛	发芽前喷 5 波美度石硫合剂，降低红蜘蛛虫口密度。
萌芽至花前	4~5月	①幼树拉枝、刻芽、抹芽	对于嫁接 1~2 年生长盛旺的直立枝进行拉枝，拉枝角度 70°，并在枝条两侧每隔 20cm 轮替刻芽 1 个。并将未刻的弱芽抹掉，集中养分增加新梢生长量和雌花分化数量。
		②嫁接	嫁接时间以 4 月（桃花盛开时）最佳。嫁接方法以插皮腹接和插皮接为主。接穗削面不低于 4cm，接口要绑扎严实。
		③接后管理：（一）防治金龟子（二）除萌蘖（三）摘心（四）二次摘心（五）秋季摘心（六）绑防风支柱	在金龟子发生严重的地区，接穗成活后叶片被其食光，严重影响成活率。防治方法：嫁接后用塑料袋将接穗套严，避免金龟子危害。 接穗成活后，将接口以下的萌蘖全部清除，保证接穗的旺盛生长。 大树高接时，为了平衡树势，防止成活接穗风折，可以保留与接穗相同的萌蘖。 嫁接新梢长到 30~40cm 时，在半成熟叶片处摘心，并摘掉先端两个叶片，促生分枝。 3~4 年生砧木嫁接成活后，新梢生长量非常大，第 1 次摘心后再长到 30cm 左右时进行第 2 次、第 3 次摘心，每次摘心均摘除顶端 2 个叶片。 秋季摘心 8 月 10 日以前完成。不摘顶端叶片。 新梢 30~40cm 时，结合摘心绑防风支柱，避免风折。

（续）

物候期	月份	技术内容	技术操作要点
开花期	5月中旬至6月中旬	①疏雄 ②防治红蜘蛛	幼树可采用人工疏雄。即保留雌花以下1～2条雄花，其余全部疏除。 6月中下旬喷布阿维菌素2 000～3 000倍。
幼果发育期	6月下旬至7月	①夏季压施绿肥 ②夏季修剪	7月中下旬把围山转坡埂或栗园株行间的荆条杂草刈割覆盖或深埋树下，增加土壤有机质，减少土壤水分蒸发。 夏季摘心。
果实速长期	8～9月	①追施膨果增重肥 ②浇增重水 ③防治桃蛀螟	8月上旬盛果期树每亩追施P、K肥20～30kg，幼树追施15～20kg。 8～9月份是板栗幼果速长期，此时浇水，有利于栗果重量的增加和果品质量的提高。 8月上、中旬各喷1次1 000倍氯氰菊酯＋杀铃脲2 000倍，防治桃蛀螟。
果实采收期	9月上旬至10月上旬	①适时采收 ②合理贮藏	板栗成熟开裂后及时捡拾栗果；栗蓬开裂60%以上时，用木杆震落全部栗蓬，严禁采青。 板栗采收后要及时沙藏。沙子的含水量一定不能超过7%（半干沙），否则极易造成腐烂。 沙与栗果的比例为3∶1。
树体营养积累期	10～11月	①秋施基肥 ②叶面喷肥	板栗采收后每亩施用有机肥2 000～3 000kg，恢复树势，保证来年雌花分化和树势的旺盛生长。 在结果较多、树势衰弱、叶片营养明显不足的栗园，可以喷0.3%的磷酸二氢钾。补充树体营养。
休眠期	12月	同1～2月	

附表 2　无公害果品允许使用的主要农药（低毒农药）

通用名	剂型	防治对象	使用浓度	施用方法	距采收天数（d）	备注
石硫合剂	乳油	红、黄、白蜘蛛，各种菌类	3～5 度	喷雾		发芽前喷施
机油乳油	96％乳油	红、黄、白蜘蛛、介壳虫	100～300 倍	喷雾	30	夏季喷施
达螨灵	15％乳油	红、黄、白蜘蛛	1 000～1 500 倍	喷雾	30	夏季喷施
苦参	0.36％水剂	红蜘蛛，尺蠖，金龟子	400～500 倍	喷雾	15	夏季喷雾
齐螨素	0.5％乳油	红、黄、白蜘蛛	2 000～4 000 倍	喷雾	15	夏季喷雾
达螨灵	12％乳油	红、黄、白蜘蛛	1 500～2 000 倍	喷雾	30	夏季喷雾
唑螨酯	12％乳油	红、黄、白蜘蛛	1 500～2 000 倍	喷雾	30	夏季喷雾
BT 粉	粉剂	鳞翅目食叶幼虫	按使用说明	喷雾	30	夏季喷雾

附表 3　无公害果品限制使用的主要农药
（中等毒性农药）

产品名称	检测限量（mg/kg）
毒死蜱	0.01
除虫菊	0.1
氰戊菊酯	0.02
除虫菊素	0.1
辛硫磷	0.02
灭多威	0.1
三唑锡	0.1
代森锰锌	0.1
白菌清	0.01
DDV	0.02
乐果	0.02
福美双	0.2
甲基硫菌灵	0.1
氯菊酯	0.02
敌百虫	0.02
多菌灵	0.05

附表 4 无公害果品禁止使用的农药

种类	农药名称	用禁原因
有机氯类杀虫（螨）剂	六六六、滴滴涕、林丹、硫丹、三氯杀螨醇	高残毒
有机磷杀虫剂	久效磷、对硫磷（1605）、甲基对硫磷（甲基1605）、治螟磷、地虫硫磷、蝇毒磷、丙线磷（益收宝）、苯线磷、甲基硫环磷、甲拌磷、（3911）乙拌磷、（3911）甲胺磷、甲基异柳磷、氧乐果、磷胺灭多威，杀虫脒	剧毒高毒
氨基甲酸酯类杀虫剂	涕灭威（铁灭克）、克百威（呋喃丹）	高毒
有机氮杀虫剂、杀螨剂	杀虫脒	慢性毒性、致癌
有机锡杀螨剂、杀菌剂	三环锡、毒菌锡等	致畸
有机砷杀菌剂	福美胂、福美甲胂等	高残毒
有机氮杀菌剂	双胍辛胺（培福朗）	毒性高、慢性
有机汞杀菌剂	富力散、西力生	高残毒
有机氟虫菌剂	氟乙酰胺、氟硅酸钠	剧毒
二苯醚类除草剂	除草醚、草枯醚	慢性毒性

附件5　无公害果品提倡使用的肥料

	肥料类别	种　　类
提倡使用的肥料	有机肥	堆肥、厕肥、沤肥、沼气肥、饼肥、绿肥、作物秸秆
	腐植酸类肥料	泥炭、高腐植酸类复合肥
	微生物肥料	根瘤菌、固氮菌、磷细菌、硅酸盐细菌（钾细菌）复合菌
	无机肥料	过磷酸钙、钙镁磷肥、氮磷钾复合肥（无氯）或配方肥、平衡肥
	叶面肥料	微肥、植物生长辅助剂肥料
	腐熟肥料	发酵灭菌的各种有机肥
限制使用的肥料		纯氮、磷、钾化学肥料
禁止使用的肥料		硝态氮、氨水及垃圾肥料

参 考 文 献

曹学春.2001. 丹东栗大果型丰产优系"9602" ［J］. 中国果树（2）：21-23.

丁向阳.2001. 河南省板栗资源现状及开发利用前景［M］//干果研究进展. 北京：中国林业出版社：88-90.

高新一，兰卫宗.1980. 北京板栗新品种［J］. 中国果树（4）：49-51.

孔德军.2001. 板栗幼树促花修剪技术［J］. 河北果树（1）：53.

孔德军.2003. 我国板栗新品种选育进展［J］. 华北农学报（18）：98-100.

刘庆香.1998. 我国部分省市板栗优良品种比较研究［J］. 河北林果研究，13（增刊）：66-69.

刘庆香.2003. 板栗新品种燕明［J］. 园艺学报，30（5）.

刘庆香.2004. 板栗新品种替码珍珠［J］. 园艺学报（5）.

王福堂.1996. 燕山板栗优良品种简介［J］. 河北果树（1）：33.

王云尊.2001. 短枝形板栗资源的探索与利用［M］//干果研究进展. 北京：中国林业出版社：100-102.

张继亮，等.2001. 板栗品种对比试验研究［J］. 河北林果研究，16（1）：31-35.

张毅，赵峰.2001. 我国近年选育的板栗新品种［M］//干果研究进展. 北京：林业出版社：67-70.

赵永孝.1993. 杂交板栗优良品种——华光［J］. 落叶果树（1）：19-20.

钟友华，李素品.1998. 板栗优良品种——豫罗红的选育［J］. 林业科技通信（2）：19-20.

图书在版编目（CIP）数据

板栗高效栽培技术与主要病虫害防治／王广鹏，陆凤勤，孔德军编著 . —北京：中国农业出版社，2016.12（2019.11 重印）

ISBN 978-7-109-22457-5

Ⅰ.①板… Ⅱ.①王… ②陆… ③孔… Ⅲ.①板栗－果树园艺②板栗－病虫害防治 Ⅳ.①S664.2②S436.64

中国版本图书馆 CIP 数据核字（2016）第 296130 号

中国农业出版社出版

（北京市朝阳区麦子店街 18 号楼）

（邮政编码 100125）

责任编辑　贺志清

中农印务有限公司印刷　　新华书店北京发行所发行
2016 年 12 月第 1 版　　2019 年 11 月北京第 2 次印刷

开本：850mm×1168mm　1/32　印张：5.25　插页：2
字数：128 千字
定价：19.00 元

燕 光

燕 明

九家种

燕 晶

替码珍珠

燕山早丰

燕山短枝

夏季摘心去叶

摘心去叶分枝状

秋季摘心顶芽饱满

春季拉枝刻芽

拉枝刻芽结果状

裸柱嫁接

1年生枝更新修剪

2年生枝更新修剪

三叉枝更新修剪

夏季压绿肥

栗园周边种植向日葵

桃蛀螟为害状

栗红蜘蛛

栗仁斑点病

栗透翅羽为害状